最新农业国家行业标准名录

（2016—2017 年度）

农业农村部农产品质量安全中心　编

中国农业出版社
北　京

编 写 委 员 会

主　　编：金发忠

统筹主编：寇建平　朱　彧

技术主编：万靓军　姜　燕　路馨丹

副 主 编：龚娅萍　符小琴　龙婉蓉

主要编撰人员（按姓氏笔画排序）：

丁保华　王　艳　白　玲　成　昕

朱玉龙　杨　玲　杨云燕　张　锋

郝文革　姚文英　高　芳　黄玉萍

谢　璇　廖超子　黎　畅

前　言

标准是对重复性事物和概念所作的统一规定。它以科学、技术和实践经验的综合成果为基础，经有关方面协商一致，由主管机构批准，以特定的形式发布，作为共同遵守的准则和依据。农业标准是农产品质量安全监管和执法的重要依据，是支撑和规范农产品生产经营的技术保障。目前农业标准体系逐步完善，截至 2017 年底，农业部共批准发布国家标准、农业行业标准 12 995 项，其中国家标准 6 978 项（包括农药残留、兽药残留、饲料安全、转基因管理），农业行业标准 6 017 项。

本书收集整理了 2016—2017 年农业部组织制定和批准发布的 4 848 项国家和行业标准。其中，《食品安全国家标准　食品中农药最大残留限量》（GB 2763—2016）规定了食品中 4 140 项农药最大残留限量。为方便读者查阅，按 11 个类别进行归类编排，分别为种植业、畜牧兽医、渔业、农垦、农业机械化、农村能源、绿色食品、转基因、职业技能鉴定、农产品加工及综合类。有些类别下，因本年度未发布相对应的标准，因此空缺。

我们希望本书的出版，对从事农业质量标准工作的同志能有所帮助。

由于时间仓促，编辑过程中难免出现疏漏及不当之处，敬请广大读者批评指正。

编　者

2018 年 11 月

目　录

2017 年度

2016年度

[最 新 农 业 国 家 行 业 标 准 名 录]

1　种植业

1.1　种子种苗

标准号	替代标准	标准名称	起草单位	主要起草人	范　　围
NY/T 2594—2016	NY/T 2594—2014	植物品种鉴定DNA分子标记法总则	农业部科技发展中心、北京市农林科学院玉米研究中心、全国农业技术推广服务中心	王凤格、唐浩、邓超、周泽宁、韩瑞玺、易红梅、金石桥、张力科、赵久然、吕波、堵苑苑、田红丽	本标准规定了植物品种鉴定DNA分子标记法标准研制的总体原则，进行鉴定的总体技术要求、主要技术内容以及技术标准的编制格式。 本标准适用于植物品种鉴定DNA分子标记法技术标准的建立。在编制特定植物属（种）品种鉴定DNA分子标记法标准时，应遵循总则提出的原则和要求，同时结合该植物属（种）的特殊性，形成适合该植物属（种）品种鉴定DNA分子标记法的标准。

（续）

标准号	替代标准	标准名称	起草单位	主要起草人	范　围
NY/T 2912—2016		北方旱寒区白菜型冬油菜品种试验记载规范	全国农业技术推广服务中心、甘肃农业大学、天水市农业科学研究所、甘肃省农业技术推广总站、甘肃省种子管理站、西北农林科技大学、宁夏农林科学院、新疆农业科学院、北京市农业技术推广站、西藏自治区农牧科学院、内蒙古自治区农牧业科学院、河西学院、张掖市农业科学院、酒泉市农业科学院、酒泉职业技术学院	孙万仓、刘自刚、汤松、刘芳、雷建明、王积军、方彦、武军艳、李学才、陈其鲜、王春玲、周吉红、曾秀存、张亚宏、张建学、徐爱遐、许志斌、邵志壮、李强、赵彩霞、尼玛卓玛、刘秦、缪崇庆、贾玉娟、杨仁义	本标准规定了北方旱寒区白菜型冬油菜品种的物候期、生物学特性、形态特征、经济性状、抗逆性、抗病性、品质等性状的记载测定项目及标准。 本标准适用于各级农业科研、教学、推广、生产单位和种子部门从事北方旱寒区白菜型冬油菜育种、品种鉴定试验、区域试验、生产试验和原（良）种繁育时对品种的观察、测定记载。
NY/T 2921—2016		苹果种质资源描述规范	中国农业科学院果树研究所、中国农业科学院茶叶研究所	王昆、高源、江用文、熊兴平、王大江、龚欣、刘立军、赵继荣、刘凤之	本标准规定了苹果（*Malus* sp.）种质资源描述的内容和方法。 本标准适用于苹果种质资源收集保存和鉴定评价过程中的描述。

（续）

标准号	替代标准	标准名称	起草单位	主要起草人	范　围
NY/T 2922—2016		梨种质资源描述规范	中国农业科学院果树研究所、中国农业科学院茶叶研究所	曹玉芬、田路明、熊兴平、董星光、江用文、张莹、齐丹、霍宏亮	本标准规定了梨属种质资源描述的内容和方法。 本标准适用于梨属种质资源收集保存和鉴定评价过程中的描述。
NY/T 2923—2016		桃种质资源描述规范	中国农业科学院郑州果树研究所、中国农业科学院茶叶研究所、江苏省农业科学院园艺研究所、北京市农林科学院林业果树研究所	王力荣、方伟超、江用文、熊兴平、朱更瑞、王志强、马瑞娟、俞明亮、姜全、赵剑波、郭继英、沈志军、曹珂、陈昌文、王新卫	本标准规定了李属桃亚属的桃种质资源描述内容和描述方式。 本标准适用于桃、山桃、甘肃桃、陕甘山桃、光核桃和新疆桃种质资源性状的描述。
NY/T 2924—2016		李种质资源描述规范	中国农业科学院茶叶研究所、辽宁省果树科学研究所	刘硕、刘威生、熊兴平、刘宁、江用文、章秋平、徐铭、张玉萍、刘有春、张玉君、马小雪、徐凌、才丰	本标准规定了李属李亚属种质资源描述内容和描述方法。 本标准适用于李种质资源的描述。
NY/T 2925—2016		杏种质资源描述规范	中国农业科学院茶叶研究所、辽宁省果树科学研究所	章秋平、刘威生、熊兴平、刘宁、江用文、魏潇、刘硕、徐铭、张玉萍	本标准规定了李属杏亚属种质资源描述内容和描述方式。 本标准适用于杏亚属内各类种质资源性状的描述。

（续）

标准号	替代标准	标准名称	起草单位	主要起草人	范　　围
NY/T 2926—2016		柿种质资源描述规范	西北农林科技大学、中国农业科学院茶叶研究所	杨勇、阮小凤、江用文、熊兴平、王仁梓、王建平	本标准规定了柿属种质资源的描述内容和描述方式。 本标准适用于柿属种质资源的描述。
NY/T 2927—2016		枣种质资源描述规范	山西省农业科学院果树研究所、中国农业科学院茶叶研究所	李登科、王永康、熊兴平、隋串玲、江用文、赵爱玲、任海燕、李捷、杜学梅、薛晓芳	本标准规定了枣和酸枣种质资源的描述内容和方式。 本标准适用于枣和酸枣种质资源的描述。
NY/T 2928—2016		山楂种质资源描述规范	沈阳农业大学、中国农业科学院茶叶研究所	董文轩、吕德国、熊兴平、赵玉辉、江用文、高秀岩、马怀宇、秦嗣军、杜国栋	本标准规定了山楂属植物种质资源的描述内容和方法。 本标准适用于山楂属种质资源收集、保存、鉴定和评价过程的描述。
NY/T 2929—2016		枇杷种质资源描述规范	福建省农业科学院果树研究所、中国农业科学院茶叶研究所	郑少泉、陈秀萍、熊兴平、蒋际谋、江用文、黄爱萍、邓朝军、姜帆、胡文舜、许奇志	本标准规定了枇杷属种质资源的描述内容和描述方法。 本标准适用于枇杷属种质资源收集、保存、鉴定和评价过程的描述。

（续）

标准号	替代标准	标准名称	起草单位	主要起草人	范　围
NY/T 2930—2016		柑橘种质资源描述规范	中国农业科学院柑橘研究所、中国农业科学院茶叶研究所	江东、焦必宁、江用文、熊兴平、赵晓春、朱世平、申晚霞、胡军华、刘小丰	本标准规定了柑橘属种质资源的描述内容和方法。 本标准适用于柑橘属种质资源的收集、保存、鉴定和评价过程的描述。
NY/T 2931—2016		草莓种质资源描述规范	江苏省农业科学院园艺研究所、中国农业科学院茶叶研究所、北京市林业科学院林业果树研究所	赵密珍、钱亚明、熊兴平、王壮伟、江用文、吴伟民、张运涛、袁华招、蔡伟建、王桂霞、王静、王庆莲、董静、常琳琳	本标准规定了草莓属种质资源的描述内容和描述方式。 本标准适用于草莓种质资源性状的描述。
NY/T 2932—2016		葡萄种质资源描述规范	中国农业科学院郑州果树研究所、中国农业科学院茶叶研究所、中国农业科学院特产研究所、山西省农业科学院果树研究所	刘崇怀、樊秀彩、熊兴平、马小河、江用文、杨义明、姜建福、张颖、孙海生	本标准规定了葡萄属种质资源的描述内容和描述方法。 本标准适用于葡萄属种质资源的描述。
NY/T 2933—2016		猕猴桃种质资源描述规范	云南省农业科学院园艺作物研究所、中国农业科学院茶叶研究所	胡忠荣、陈瑶、熊兴平、李坤明、江用文、陈伟	本标准规定了猕猴桃属植物种质资源的描述内容和描述方式。 本标准适用于猕猴桃属植物种质资源性状的描述。

（续）

标准号	替代标准	标准名称	起草单位	主要起草人	范　　围
NY/T 2934—2016		板栗种质资源描述规范	中国农业科学院茶叶研究所、山东省果树研究所	刘庆忠、徐丽、熊兴平、陈新、江用文、张力思、赵红军	本标准规定了板栗种质资源的描述内容和描述方法。 本标准适用于板栗种质资源收集、保存、鉴定、评价过程的描述。
NY/T 2935—2016		核桃种质资源描述规范	中国农业科学院茶叶研究所、山东省果树研究所	刘庆忠、陈新、熊兴平、徐丽、江用文、张力思、赵红军	本标准规定了核桃种质资源的描述内容和描述方法。 本标准适用于核桃种质资源收集、保存、鉴定、评价过程的描述。
NY/T 2936—2016		甘蔗种质资源描述规范	云南省农业科学院甘蔗研究所、中国农业科学院茶叶研究所、云南省农业科学院生物技术与种质资源研究所	蔡青、范源洪、熊兴平、徐超华、江用文、马丽、应雄美、陆鑫、刘新龙、毛均、林秀琴、刘洪博、李旭娟、苏火生	本标准规定了甘蔗种质资源的基本信息、植物学特征、生物学特性、产量性状、品质性状及抗性性状的描述方法。 本标准适用于对甘蔗属及其近缘属植物，包括：蔗茅属、芒属、河八五属、硬穗茅属甘蔗种质资源的描述。
NY/T 2937—2016		莲种质资源描述规范	武汉市蔬菜科学研究所、中国农业科学院茶叶研究所	朱红莲、柯卫东、熊兴平、李峰、江用文、彭静、刘玉平、匡晶、刘正位、王芸、钟兰	本标准规定了莲属种质资源基本信息、植物学特征、生物学特性、产量性状、品质性状及抗性性状的描述方法。 本标准适用于莲属种质资源性状的描述。

（续）

标准号	替代标准	标准名称	起草单位	主要起草人	范　围
NY/T 2938—2016		芋种质资源描述规范	武汉市蔬菜科学研究所、中国农业科学院茶叶研究所	孙亚林、黄新芳、熊兴平、董红霞、江用文、李峰、李明华、柯卫东、匡晶、刘正位、王芸	本标准规定了芋种质资源基本信息、植物学特征、生物学特性、产量性状、品质性状及抗性性状的描述方法。 本标准适用于芋种质资源性状的描述。
NY/T 2939—2016		甘薯种质资源描述规范	江苏徐淮地区徐州农业科学研究所、中国农业科学院茶叶研究所、广东省农业科学院作物研究所	赵冬兰、唐君、熊兴平、陈景益、江用文、曹清河、周志林、张雄坚、张安、黄立飞	本标准规定了甘薯种质资源基本信息、植物学特征、生物学特性、产量性状、品质性状及抗性性状的描述方法。 本标准适用于甘薯种质资源性状的描述。
NY/T 2940—2016		马铃薯种质资源描述规范	黑龙江省农业科学院克山分院、中国农业科学院茶叶研究所	刘春生、刘喜才、熊兴平、宋继玲、江用文、孙邦升、来春苓	本标准规定了马铃薯种质资源基本信息、植物学特征、生物学特性、产量性状、品质性状及抗性性状的描述方法。 本标准适用于马铃薯种质资源性状的描述。
NY/T 2941—2016		茭白种质资源描述规范	中国农业科学院茶叶研究所、武汉市蔬菜科学研究所	钟兰、刘义满、熊兴平、黄来春、江用文、李双梅、周凯、柯卫东、朱红莲、孙亚林、董红霞	本标准规定了茭白种质资源基本信息、植物学特征、生物学特性、产量性状、品质性状及抗性性状的描述方法。 本标准适用于茭白种质资源性状的描述。

（续）

标准号	替代标准	标准名称	起草单位	主要起草人	范　　围
NY/T 2942—2016		苎麻种质资源描述规范	中国农业科学院茶叶研究所、武汉市蔬菜科学研究所	许英、陈建华、熊兴平、王晓飞、江用文、栾明宝、孙志民、刘晨晨	本标准规定了苎麻种质资源基本信息、植物学特征、生物学特性、产量性状、品质性状及抗性性状的描述方法。 本标准适用于苎麻种质资源性状的描述。苎麻属其他种的利质资源性状描述可参照执行。
NY/T 2943—2016		茶树种质资源描述规范	中国农业科学院茶叶研究所、云南省农业科学院茶叶研究所	姚明哲、陈亮、马春雪、江及文、熊兴平、刘本英、李友勇	本标准规定了茶树及山茶属茶组其他植物种质资源基本信息、植物学特征、生物学特性、品质性状、抗性性状、其他特征特性的描述方法。 本标准适用于茶树种质资源的描述。
NY/T 2944—2016		橡胶树种质资源描述规范	中国热带农业科学院橡胶研究所、中国农业科学院茶叶研究所	曾霞、胡彦师、熊兴平、蔡海滨、江用文、李维国、涂敏、华玉伟、安泽伟、程汉、方家林、黄华孙	本标准规定了橡胶树种质资源基本信息、植物学特征、生物学特性、生长性状、产量性状及抗性性状的描述方法。 本标准适用于橡胶树植物种质资源的描述。

（续）

标准号	替代标准	标准名称	起草单位	主要起草人	范　　围
NY/T 2945—2016		野生稻种质资源描述规范	广西壮族自治区农业科学院水稻研究所、中国农业科学院茶叶研究所、广东省农业科学院水稻研究所	陈成斌、熊兴平、潘大建、江用文、梁云涛、范芝兰、梁世春、张烨、潘英华、黄娟、徐志健	本标准规定了禾本科稻属野生稻种质资源基本信息、形态特征和生物学特性、稻米品质特性、抗逆性、抗病虫性及染色体等的描述及描述方法。 本标准适用于野生稻种质资源的描述。
NY/T 2946—2016		豆科牧草种质资源描述规范	中国农业科学院草原研究所、中国农业科学院茶叶研究所	李鸿雁、李志勇、熊兴平、江用文、师文贵、黄帆、李俊、刘磊	本标准规定了豆科牧草种质资源基本信息、植物学特征、生物学特性、产量性状、品质性状及抗性性状的描述方法。 本标准适用于豆科牧草种质资源的描述。
NY/T 3032—2016		草莓脱毒种苗生产技术规程	沈阳农业大学、北京市农林科学院林业果树研究所、湖北省农业科学院经济作物研究所	张志宏、刘月学、张运涛、顾玉成、代红艳、常琳琳、李贺、王桂霞、向发云、马跃、韩永超	本标准规定了草莓茎尖培养脱毒方法、脱毒种苗保存与繁殖、检测病毒各类和 RT-PCR 检测方法。 本标准适用于草莓脱毒种苗的培育及草莓活体材料中病毒的检测。
NY/T 3054—2016		植物品种特异性、一致性和稳定性测试指南　冬瓜	山东省农业科学院作物研究所、四川省农业科学院园艺研究所、农业部科技发展中心、农业部植物新品种测试（昆明）分中心	李汝玉、刘小俊、唐浩、张晗、王东建、孙加梅、李群、戴双、郑永胜、姚凤霞、许金芳、刘艳芳	本标准规定了冬瓜（*Benincasa hispida* Cogn.）品种特异性、一致性和稳定性测试的技术要求和结果判定的一般原则。 本标准适用于冬瓜品种特异性、一致性和稳定性测试和结果判定。

（续）

标准号	替代标准	标准名称	起草单位	主要起草人	范　　围
NY/T 3055—2016		植物品种特异性、一致性和稳定性测试指南　木薯	中国农业科学院热带作物品种资源研究所、农业部植物新品种测试（儋州）分中心、农业部科技发展中心、农业部植物新品种测试（昆明）分中心	张如莲、徐丽、谢振宇、李开绵、高玲、刘迪发、叶剑秋、龙开意、杨扬、薛茂富、王明、吴传毅、应东山、郑永清、李莉萍、王琴飞、刘艳芳	本标准规定了木薯品种特异性、一致性和稳定性测试的技术要求和结果判定的一般原则。 本标准适用于木薯品种特异性、一致性和稳定性测试和结果判定。
NY/T 3056—2016		植物品种特异性、一致性和稳定性测试指南　樱桃	北京市农林科学院林业果树研究所	张开春、张晓明、闫国华、王晶、李文生、周宇、王宝刚、赵慧、倪杨、段续伟、石磊	本标准规定了樱桃及其种间杂交获得的品种特异性、一致性和稳定性测试的技术要求、测试结果判定原则。 本标准适用于樱桃及其种间杂交获得的品种特异性、一致性和稳定性测试和结果判定。
NY/T 3057—2016		植物品种特异性、一致性和稳定性测试指南　黄秋葵（咖啡秋葵）	中国农业科学院热带作物品种资源研究所、农业部植物新品种测试（儋州）分中心、农业部科技发展中心、农业部植物新品种测试（上海）分中心、农业部植物新品种测试（昆明）分中心	高玲、刘迪发、徐丽、张如莲、刘维侠、应东山、唐浩、杨坤、黄志城、杨扬、李莉萍、王琴飞、王明、刘艳芳	本标准规定了黄秋葵（咖啡秋葵）品种特异性、一致性和稳定性测试的技术要求和结果判定的一般原则。 本标准适用于黄秋葵（咖啡秋葵）品种特异性、一致性和稳定性测试和结果判定。

（续）

标准号	替代标准	标准名称	起草单位	主要起草人	范围
NY/T 3070—2016		大豆良种繁育基地建设标准	农业部规划设计研究院、山东圣丰种业科技有限公司、中国农业科学院作物科学研究所、南京农业大学农业部大豆生物学与遗传育种重点实验室、河南省农业科学院经济作物研究所、黑龙江省农业科学院大豆研究所、黑龙江农垦勘测设计院	徐亚平、丁保华、廖超子、刘潇威、胡清秀、彭祎、罗铭、李军幸、王跃华	本标准规定了大豆良种繁育基地的建设规模与项目构成、工艺（农艺）与设备、功能分区与总体布局、田间工程与农业建筑工程、环保与节能等方面的内容和要求。 本标准适用于开展大豆良种繁育基地建设工程项目规划、项目建议书、可行性研究、初步设计等前期工作的依据，也是项目建设管理、监督检查和竣工验收的依据。

1.2 土壤与肥料

标准号	替代标准	标准名称	起草单位	主要起草人	范围
NY/T 886—2016	NY/T 886—2010	农林保水剂	中国农业科学院农业资源与农业区划研究所、中国农学会、中国植物营养与肥料学会、土地肥料产业联盟	刘红芳、王旭、范洪黎、刘蜜、崔勇、韩岩松	本标准规定了农林保水剂产品的技术要求、试验方法、检验规则、标识、包装、运输和储存要求。 本标准适用于中华人民共和国境内生产、销售、使用的农林保水剂。产品是以合成聚合型、淀粉接枝

（续）

标准号	替代标准	标准名称	起草单位	主要起草人	范　　围
NY/T 886—2016					聚合型、纤维素接枝聚合型等吸水性树脂聚合物为主要原料加工制成的土地调理剂，用于农林业土土壤保水、种子包衣、苗木移栽成肥料添加剂等。
NY/T 2267—2016	NY/T 2267—2012	缓释肥料　通用要求	中国农业科学院农业资源与农业区划研究所、中国农学会、中国植物营养与肥料学会、土地肥料产业联盟	王旭、刘红芳、保万魁、侯晓娜、孙又宁、范洪黎、刘蜜、孙蓟锋	本标准规定了缓释肥料相关术语和定义、通用要求、试验方法、检验规则、标识、包装、运输和储存。 本标准适用于中华人民共和国境内生产、销售、使用的，氮缓释肥料、复合养分（氮、磷、钾）缓释肥料及用作掺混肥料原料的缓释肥料。 本标准不适用于添加脲酶抑制剂或硝化抑制剂肥料及脲甲醛肥料。
NY/T 2271—2016	NY/T 2271—2012	土壤调理剂效果试验和评价要求	中国农业科学院农业资源与农业区划研究所、中国农学会、中国植物营养与肥料学会、土地肥料产业联盟	王旭、孙蓟锋、保万魁、刘红芳、张曦、侯晓娜、闫湘、李秀英、于兆国	本标准规定了土壤调理剂相关术语、试验要求和内容、效果评价、报告撰写等要求。 本标准适用于土壤调理剂试验效果评价。

（续）

标准号	替代标准	标准名称	起草单位	主要起草人	范　围
NY/T 2911—2016		测土配方施肥技术规程	全国农业技术推广服务中心、中国农业大学、河北农业大学、河南农业大学、西南大学、吉林农业大学、内蒙古自治区土壤肥料与节水农业工作站、广西壮族自治区土壤肥料工作站、湖南省土壤肥料工作站、成都土壤肥料测试中心、吉林省土壤肥料总站、扬州市土壤肥料站、浙江大学	张福锁、杨帆、江荣风、马文奇、崔勇、叶优良、石孝均、高强、孟远夺、郑海春、宾士友、黄铁平、李昆、五剑峰、李荣、董燕、孙钊、徐洋、张月平、唐启义	本标准规定了测土配方施肥肥料效应田间试验、土壤和植株样品的采集制备与测试、肥料用量确定与肥料配方设计、配方肥料合理施用等内容的基本方法和操作规程。 本标准适用于测土配方施肥。
NY/T 3034—2016		土壤调理剂通用要求	中国农业科学院农业资源与农业区划研究所、中国农学会、中国植物营养与肥料学会、土地肥料产业联盟	王旭、孙蓟锋、刘红芳、范洪黎、保万魁、张曦、侯晓娜	本标准规定了土壤调理剂通用要求、试验方法、检验规则、标识、包装、运输和储存。 本标准适用于中华人民共和国境内生产、销售、使用的，用于调理障碍土壤并使用、有机原料、化学原料等为组成成分并经标准化加工工艺生产的土壤调理剂。 本标准不适用于未经标准化生产或无害化技术处理的、存在食品安全风险和/或土壤生态环境风险的物料或废料为原料生产的土壤调理剂。

（续）

标准号	替代标准	标准名称	起草单位	主要起草人	范　　围
NY/T 3035—2016		土壤调理剂铝、镍含量的测定	中国农业科学院农业资源与农业区划研究所、中国农学会、中国植物营养与肥料学会、土地肥料产业联盟	范洪黎、刘蜜、韩岩松、黄均明	本标准规定了土壤调理剂铝、镍含量的测定的等离子体发射光谱法试验方法。 本标准适用于固体土壤调理剂，也适用于土壤和畜禽粪便。
NY/T 3036—2016		肥料和土壤调理剂　水分含量、粒度、细度的测定	中国农业科学院农业资源与农业区划研究所、中国农学会、中国植物营养与肥料学会、土地肥料产业联盟	孙蓟峰、刘蜜、保万魁、韩岩松、林茵	本标准规定了肥料和土壤调理剂真空烘箱法、卡尔·费休法测定水分（游离水）含量的试验方法，以及试验筛重量法测定固体肥料和土壤调理剂粒度、细度的试验方法。 真空烘箱法适用于测定固体肥料和土壤调理剂水分含量；烘箱法适用于测定农林保水剂水分含量；卡尔·费休法适用于二氧六环萃取后采用卡尔·费休法试剂滴定测定肥料和土壤调理剂水分含量。真空烘箱法和烘箱法不适用于在干燥过程中能产生非水分挥发性物质的肥料和土壤调理剂水分含量的测定。

（续）

标准号	替代标准	标准名称	起草单位	主要起草人	范　　围
NY/T 3037—2016		肥料增效剂　2-氯-6-三氯甲基吡啶含量的测定	中国农业科学院农业资源与农业区划研究所、中国农学会、中国植物营养与肥料学会、土地肥料产业联盟	刘蜜、保万魁、黄均明	本标准规定了肥料增效剂2-氯-6-三氯甲基吡啶（$C_6H_3Cl_4N$）含量测定的高效液相色谱法试验方法。 本标准适用于固体或液体2-氯-6-三氯甲基吡啶肥料增效剂及添加2-氯-6-三氯甲基吡啶的肥料。
NY/T 3038—2016		肥料增效剂　正丁基硫代磷酰三胺（NBPT）和正丙基硫代磷酰三胺（NPPT）含量的测定	中国农业科学院农业资源与农业区划研究所、中国农学会、中国植物营养与肥料学会、土地肥料产业联盟	保万魁、刘蜜、黄均明、侯晓娜	本标准规定了正丁基硫代磷酰三胺（NBPT）和正丙基硫代磷酰三胺（NPPT）含量测定的高效液相色谱法试验方法。 本标准适用于固体或液体NBPT和NPPT肥料增效剂及添加NBPT和NPPT的肥料。
NY/T 3039—2016		水溶肥料　聚谷氨酸含量的测定	中国农业科学院农业资源与农业区划研究所、中国农学会、中国植物营养与肥料学会、土地肥料产业联盟	刘蜜、韩岩松、黄均明、侯晓娜	本标准规定了水溶肥料聚谷氨酸含量测定的氨基酸自动分析仪法试验方法。 本标准适用于微生物发酵而成的液体或固体聚谷氨酸水溶肥料；也适用于添加聚谷氨酸，不含硝酸根和其他有机成分的肥料。

（续）

标准号	替代标准	标准名称	起草单位	主要起草人	范　　围
NY/T 3040—2016		缓释肥料　养分释放率的测定	中国农业科学院农业资源与农业区划研究所、中国农学会、中国植物营养与肥料学会、土地肥料产业联盟	王旭、保万魁、刘红芳、侯晓娜、孙又宁、黄均明、范洪黎、刘蜜、孙蓟锋	本标准规定了采用连续浸提法、间歇浸提法、快速浸提法测定缓释肥料养分释放率的试验方法。 连续浸提法和间歇浸提法作为模拟评价缓释肥料养分释放率的试验方法，其试验结果应被用于产品技术指标的确定和/或质量判定。连续浸提法适用于水田或多降雨期间施用的缓释肥料，间歇浸提法适用于旱地施用的缓释肥料。 快速浸提法作为快速评价缓释肥料养分释放率的试验方法，其结果可用于企业质量控制检验。
NY/T 3041—2016		生物炭基肥料	沈阳农业大学、农业部肥料质量监督检验测试中心（沈阳）	孟军、韩晓日、于立宏、史国宏、兰宇、鄂洋、张伟明、陈温福、刘国顺、周建斌、马振海、张立军、刘金、蔡志远、梁永健	本标准规定了生物炭基肥料的术语、定义、要求、试验方法、检验规则、标识、包装、运输和储存。 本标准适用于中华人民共和国境内生产和销售的，以作物秸秆等农林植物废弃生物质生产的生物质为基质，添加氮、磷、钾等养分中的一种或几种，采用化学方法和（或）物理方法混合制成的生物炭基肥料。 本标准不适用于生物炭与其他有机物料混合和（或）发酵制成的肥料。

1.3 植保与农药

标准号	替代标准	标准名称	起草单位	主要起草人	范围
GB 2763—2016	GB 2763—2014	食品安全国家标准　食品中农药最大残留限量			本标准规定了食品中 2,4-滴等 433 种农药 4 140 项最大残留限量。 本标准适用于与限量相关的食品。
GB 23200.1—2016		食品安全国家标准　除草剂残留量检测方法　第1部分：气相色谱-质谱法测定粮谷及油籽中酰胺类除草剂残留量			本标准规定了粮谷及油籽中酰胺类除草剂残留量检验的抽样、制样和气相色谱-质谱联用测定方法。 本标准适用于大米、大豆中酰胺类除草剂残留量的定量测定，其他食品可参照执行。
GB 23200.2—2016		食品安全国家标准　除草剂残留量检测方法　第2部分：气相色谱-质谱法测定粮谷及油籽中二苯醚类除草剂残留量			本标准规定了粮谷及油籽中环庚草醚、甲氧除草醚、苯草醚、甲羧除草醚、三氧硝草醚、乳氟禾草灵、除草醚、乙氧氟草醚、乙羧氟草醚 9 种二苯醚类除草剂残留量的气相色谱-质谱检测方法。 本标准适用于大米与大豆中 9 种二苯醚类除草剂残留量的检测与确证，其他食品可参照执行。

（续）

标准号	替代标准	标准名称	起草单位	主要起草人	范　　围
GB 23200.3—2016		食品安全国家标准　除草剂残留量检测方法 第3部分：液相色谱-质谱/质谱法测定食品中环己烯酮类除草剂残留量			本标准规定了食品中吡喃草酮、禾草灭、噻草酮、烯草酮、烯禾啶、丁苯草酮、三甲苯草酮、环苯草酮残留量的液相色谱-质谱/质谱测定方法。 本标准适用于大米、大豆、猪肉、牛肝、鸡肝、牛奶、橙、蓝莓、菠菜、洋葱、核桃仁、茶叶中吡喃草酮、禾草灭、噻草酮、烯草酮、烯禾啶、丁苯草酮、三甲苯草酮、环苯草酮残留量的测定与确证，其他食品可参照执行。
GB 23200.4—2016		食品安全国家标准　除草剂残留量检测方法 第4部分：气相色谱-质谱/质谱法测定食品中芳氧苯氧丙酸酯类除草剂残留量			本标准规定了食品中2,4-滴丁酯、氟吡禾灵、吡氟禾草灵、炔草酯、禾草灵、氰氟草酯、恶唑禾草灵、精喹禾灵等芳氧苯氧丙酸酯类除草剂残留量的气相色谱-质谱/质谱测定方法。 本标准适用于大豆、大麦茶、粳米、胡萝卜、菠菜、青刀豆、蒜苗、草莓、蜂蜜、猪肉、鱼、禽蛋中2,4-滴丁酯、氟吡禾灵、吡氟禾草灵、炔草酯、禾草灵、氰氟草酯、恶唑禾草灵、精喹禾灵残留量的测定与确证，其他食品可参照执行。

（续）

标准号	替代标准	标准名称	起草单位	主要起草人	范　围
GB 23200.5—2016		食品安全国家标准　除草剂残留量检测方法　第5部分：液相色谱-质谱/质谱法测定食品中硫代氨基甲酸酯类除草剂残留量			本标准规定了食品中9种硫代氨基甲酸酯农药残留量的液相色谱-质谱联用测定方法。 本标准适用于大米、大豆、白萝卜、小白菜、花椰菜、生姜、茶叶、花生、橙、葡萄、鸡肉、鸡肝和鱼肉中9种硫代氨基甲酸酯类农药残留量的定量测定，其他食品可参照执行。
GB 23200.6—2016		食品安全国家标准　除草剂残留量检测方法　第6部分：液相色谱-质谱/质谱法测定食品中杀草强残留量			本标准规定了食品中杀草强残留量的液相色谱-串联质谱测定方法。 本标准适用于苹果、菠萝、菠菜、胡萝卜、紫苏叶、金银花、姜粉、花椒粉、茶叶、小麦、玉米、花生、肉、鱼及动物肝脏中杀草强残留量的检测和确证，其他食品可参照执行。
GB 23200.7—2016		食品安全国家标准　蜂蜜、果汁和果酒中497种农药及相关化学品残留量的测定　气相色谱-质谱法			本标准规定了蜂蜜、果汁和果酒中497种农药及相关化学品残留量的气相色谱-质谱测定方法。 本标准适用于蜂蜜、果汁和果酒中497种农药及相关化学品残留量的测定，其他食品可参照执行。

（续）

标准号	替代标准	标准名称	起草单位	主要起草人	范　围
GB 23200.8—2016		食品安全国家标准　水果和蔬菜中500种农药及相关化学品残留量的测定　气相色谱-质谱法			本标准规定了苹果、柑橘、葡萄、甘蓝、芹菜、番茄中500种农药及相关化学品残留量气相色谱-质谱测定方法。 本标准适用于苹果、柑橘、葡萄、甘蓝、芹菜、番茄中500种农药及相关化学品残留量的测定，其他蔬菜和水果可参照执行。
GB 23200.9—2016		食品安全国家标准　粮谷中475种农药及相关化学品残留量的测定　气相色谱-质谱法			本标准规定了大麦、小麦、燕麦、大米、玉米中475种农药及相关化学品残留量气相色谱-质谱测定方法。 本标准适用于大麦、小麦、燕麦、大米、玉米中475种农药及相关化学品残留量的测定，其他粮谷可参照执行。
GB 23200.10—2016		食品安全国家标准　桑枝、金银花、枸杞子和荷叶中488种农药及相关化学品残留量的测定　气相色谱-质谱法			本标准规定了桑枝、金银花、枸杞子和荷叶中488种农药及相关化学品残留量气相色谱-质谱测定方法。 本标准适用于桑枝、金银花、枸杞子和荷叶中488种农药及相关化学品的定量测定，其他食品可参照执行。

（续）

标准号	替代标准	标准名称	起草单位	主要起草人	范　围
GB 23200.11—2016		食品安全国家标准　桑枝、金银花、枸杞子和荷叶中413种农药及相关化学品残留量的测定　液相色谱-质谱法			本标准规定了桑枝、金银花、枸杞子和荷叶中413种农药及相关化学品残留量液相色谱-质谱测定方法。 本标准适用于桑枝、金银花、枸杞子和荷叶中413种农药及相关化学品的定量测定，其他食品可参照执行。
GB 23200.12—2016		食品安全国家标准　食用菌中440种农药及相关化学品残留量的测定　液相色谱-质谱法			本标准规定了滑子菇、金针菇、黑木耳和香菇中440种农药及相关化学品残留量液相色谱-质谱测定方法。 本标准适用于滑子菇、金针菇、黑木耳和香菇中440种农药及相关化学品的定性鉴别，364种农药及相关化学品的定量测定，其他食用菌可参照执行。
GB 23200.13—2016		食品安全国家标准　茶叶中448种农药及相关化学品残留量的测定　液相色谱-质谱法			本标准规定了绿茶、红茶、普洱茶、乌龙茶中448种农药及相关化学品残留量液相色谱-质谱测定方法。 本标准适用于绿茶、红茶、普洱茶、乌龙茶中448种农药及相关化学品的定性鉴别，也适用于418种农药及相关化学品的定量测定，其他茶叶可参照执行。

（续）

标准号	替代标准	标准名称	起草单位	主要起草人	范　　围
GB 23200.14—2016		食品安全国家标准　果蔬汁和果酒中512种农药及相关化学品残留量的测定　液相色谱-质谱法			本标准规定了橙汁、苹果汁、葡萄汁、白菜汁、胡萝卜汁、干酒、半干酒、半甜酒、甜酒中512种农药及相关化学品残留量液相色谱-质谱测定方法。 本标准适用于橙汁、苹果汁、葡萄汁、白菜汁、胡萝卜汁、干酒、半干酒、半甜酒、甜酒中512种农药及相关化学品的定性鉴别，也适用于490种农药及相关化学品的定量测定，其他果蔬汁、果酒可参照执行。
GB 23200.15—2016		食品安全国家标准　食用菌中503种农药及相关化学品残留量的测定　气相色谱-质谱法			本标准规定了滑子菇、金针菇、黑木耳和香菇中503种农药及相关化学品残留量气相色谱-质谱测定方法。 本标准适用于滑子菇、金针菇、黑木耳和香菇中503种农药及相关化学品的定性鉴别，478种农药及相关化学品的定量测定，其他食用菌可参照执行。
GB 23200.16—2016		食品安全国家标准　水果和蔬菜中乙烯利残留量的测定　气相色谱法			本标准规定了水果和蔬菜中乙烯利残留量的测定方法。 本标准适用于水果和蔬菜中乙烯利残留量的分析。

（续）

标准号	替代标准	标准名称	起草单位	主要起草人	范　围
GB 23200.17—2016		食品安全国家标准　水果和蔬菜中噻菌灵残留量的测定　液相色谱法			本标准规定了水果和蔬菜中噻菌灵残留量的液相色谱测定方法。 本标准适用于水果和蔬菜中噻菌灵残留量的测定。
GB 23200.18—2016		食品安全国家标准　蔬菜中非草隆等15种取代脲类除草剂残留量的测定　液相色谱法			本标准规定了蔬菜中非草隆、相噻隆、甲氧隆、灭草隆、绿麦隆、氟草隆、异丙隆、敌草隆、绿谷隆、溴谷隆、炔草隆、环草隆、利谷隆、氯溴隆和草不隆15种取代脲类除草剂残留量的液相色谱测定方法。 本标准适用于蔬菜上述15种中取代脲类除草剂残留量的测定。
GB 23200.19—2016		食品安全国家标准　水果和蔬菜中阿维菌素残留量的测定　液相色谱法			本标准规定了水果和蔬菜中阿维菌素检测的制样和液相色谱检测方法。 本标准适用于水果和蔬菜中阿维菌素残留量的检测，其他食品可参照执行。

（续）

标准号	替代标准	标准名称	起草单位	主要起草人	范　　围
GB 23200.20—2016		食品安全国家标准　食品中阿维菌素残留量的测定　液相色谱-质谱/质谱法			本标准规定了食品中阿维菌素残留量的液相色谱-质谱/质谱检测方法。 本标准适用于大米、大蒜、菠菜、苹果、板栗、茶叶、牛肉、羊肉、鸡肉、鱼肉、赤芍、食醋和蜂蜜中阿维菌素残留量的检测，其他食品可参照执行。
GB 23200.21—2016		食品安全国家标准　水果中赤霉酸残留量的测定　液相色谱-质谱/质谱法			本标准规定了水果中赤霉酸残留量的制样和液相色谱-质谱/质谱测定方法。 本标准适用于苹果、桃子、橘子、梨和葡萄中赤霉酸残留量的检测，其他食品可参照执行。
GB 23200.22—2016		食品安全国家标准　坚果及坚果制品中抑芽丹残留量的测定　液相色谱法			本标准规定了坚果及坚果制品中抑芽丹残留量检测的制样和液相色谱检测方法。 本标准适用于核桃及制品、板栗及制品中抑芽丹残留量的测定，其他食品可参照执行。

（续）

标准号	替代标准	标准名称	起草单位	主要起草人	范　围
GB 23200.23—2016		食品安全国家标准　食品中地乐酚残留量的测定　液相色谱-质谱/质谱法			本标准规定了食品中地乐酚残留量检验的液相色谱-质谱/质谱测定方法。 本标准适用于苹果、板栗、甘蓝、牛肉、蜂蜜、小麦、鸡肉、姜、茶叶、大豆和牛奶中地乐酚酸残留量的检测和确证，其他食品可参照执行。
GB 23200.24—2016		食品安全国家标准　粮谷和大豆中11种除草剂残留量的测定　气相色谱-质谱法			本标准规定了粮谷和大豆中11种除草剂残留量检验的气相色谱-质谱检测方法。 本标准适用于大米、玉米、小麦和大豆中乙草胺、戊草丹、甲草胺、异丙甲草胺、二甲戊灵、丁草胺、氟酰胺、丙草胺、灭锈胺、吡氟酰草胺和苯噻酰草胺残留量的检测和确证，其他食品可参照执行。
GB 23200.25—2016		食品安全国家标准　水果中恶草酮残留量的检测方法			本标准规定了水果中恶草酮残留量检验的抽样、制样和气相色谱-质谱测定及确证方法。 本标准适用于柑橘、苹果中恶草酮残留量的检验，其他食品可参照执行。

（续）

标准号	替代标准	标准名称	起草单位	主要起草人	范　　围
GB 23200.26—2016		食品安全国家标准　茶叶中9种有机杂环类农药残留量的检测方法			本标准规定了茶叶中9种有机杂环类农药残留量检验的抽样和制样、测定方法、测定低限及回收率。 本标准适用于茶叶中莠去津、乙烯菌核利、腐霉利、氟菌唑、抑霉唑、噻嗪酮、丙环唑、氯苯嘧啶醇、哒螨残留量的检验，其他食品可参照执行。
GB 23200.27—2016		食品安全国家标准　水果中4,6-二硝基邻甲酚残留量的测定　气相色谱-质谱法			本标准规定了水果中4，6-二硝基邻甲酚残留量的气相色谱-质谱检验方法。 本标准适用于苹果、梨中4，6-二硝基邻甲酚残留量的检验，其他食品可参照执行。
GB 23200.28—2016		食品安全国家标准　食品中多种醚类除草剂残留量的测定　气相色谱-质谱法			本标准规定了食品中苯醚类除草剂的气相色谱-负化学离子源-质谱检测方法。 本标准适用于大米、大豆、菠菜、大葱、辣椒、草莓、甜豌豆、绿茶、龙虾仁、鳗、猪肉和蜂蜜12种食品中醚类除草剂残留量的测定和确证，其他食品可参照执行。

（续）

标准号	替代标准	标准名称	起草单位	主要起草人	范　围
GB 23200.29—2016		食品安全国家标准　水果和蔬菜中唑螨酯残留量的测定　液相色谱法			本标准规定了水果和蔬菜中唑螨酯残留量的液相色谱检测方法。 本标准适用于柑橘、白菜中唑螨酯残留量的检测，其他食品可参照执行。
GB 23200.30—2016		食品安全国家标准　食品中环氟菌胺残留量的测定　气相色谱-质谱法			本标准规定了食品中环氟菌胺残留量的制样和气相色谱-质谱检测方法。 本标准适用于小麦、玉米、花生、菠萝、苹果、青葱、胡萝卜、紫苏叶、金银花、姜粉、花椒粉及茶叶中环氟菌胺残留量的检测和确证，其他食品可参照执行。
GB 23200.31—2016		食品安全国家标准　食品中丙炔氟草胺残留量的测定　气相色谱-质谱法			本标准规定了食品中丙炔氟草胺残留量的制样和气相色谱-质谱联用检测方法。 本标准适用于苹果、菠菜、姜、鱼、鸡肉、猪肉、大豆、大米、杏仁和猪肝中丙炔氟草胺残留量的定量测定，其他食品可参照执行。

（续）

标准号	替代标准	标准名称	起草单位	主要起草人	范　　围
GB 23200.32—2016		食品安全国家标准　食品中丁酰肼残留量的测定　气相色谱-质谱法			本标准规定了食品中丁酰肼残留量的制样和气相色谱-质谱检测方法。 本标准适用于花生、大米、大豆、欧芹、苹果、鱼、鸡肉、茶叶和蜂蜜中丁酰肼残留量的测定，其他食品可参照执行。
GB 23200.33—2016		食品安全国家标准　食品中解草嗪、莎稗磷、二丙烯草胺等110种农药残留量的测定　气相色谱-质谱法			本标准规定了食品中农药残留量检测的气相色谱-质谱法。 本标准适用于大米、糙米、大麦、小麦、玉米中110种农药残留量的测定，其他食品可参照执行。
GB 23200.34—2016		食品安全国家标准　食品中涕灭砜威、吡唑醚菌酯、嘧菌酯等65种农药残留量的测定　液相色谱-质谱/质谱法			本标准规定了食品中65种农药残留量的液相色谱-质谱/质谱测定方法。 本标准适用于大米、糙米、大麦、小麦、玉米中涕灭砜威、嘧菌酯、地散磷、丁苯草酮、联苯肼酯、噻嗪酮、萎锈灵、3-羟基克百威、烯草酮、氰霜唑、噻草酮、环丙酰菌胺、氟啶脲、枯草隆、环虫酰肼、噻

（续）

标准号	替代标准	标准名称	起草单位	主要起草人	范　围
GB 23200.34—2016					虫胺、二苯隆、杀草隆、二甲嘧酚、苄氯三唑醇、除虫脲、敌草隆、乙虫腈、氟虫腈、氟啶胺、啶蜱脲、氟虫脲、磺菌胺、苯硫威、唑螨酯、嘧菌腙、氟草隆、氟啶酮、呋线威、氟铃脲、喽草酸甲酯、抗倒胺、异菌脲、茚虫威、吡虫啉、异恶隆、异恶唑草酮、氟丙氧脲、甲基苯噻隆、苯嗪草酮、甲氧虫酰肼、敌草胺、双苯氟脲、恶咪唑、恶嗪草酮、辛硫磷、增效醚、吡唑醚菌酯、吡唑特、苄草唑、戊菌隆、毒草胺、吡丙醚、精喹禾灵、螺螨酯、虫酰肼、氟苯脲、噻酰菌胺、噻虫啉和噻虫嗪残留量的检测，其他食品可参照执行。
GB 23200.35—2016		食品安全国家标准　植物源性食品中取代脲类农药残留量的测定　液相色谱-质谱法			本标准规定了植物源性食品中15种取代脲类农药残留量的液相色谱-质谱法。 本标准适用于玉米、大豆、橙、大米和大白菜中15种取代脲类农药残留的定量测定，其他食品可参照执行。

（续）

标准号	替代标准	标准名称	起草单位	主要起草人	范　围
GB 23200.36—2016		食品安全国家标准　植物源性食品中氯氟吡氧乙酸、氟硫草定、氟吡草腙和噻唑烟酸除草剂残留量的测定　液相色谱-质谱/质谱法			本标准规定了植物源性食品中氯氟吡氧乙酸、氟硫草定、氟吡草腙和噻唑烟酸4种吡啶类除草剂的液相色谱-质谱/质谱法。 本标准适用于大白菜、玉米和橙中氯氟吡氧乙酸、氟硫草定、氟吡草腙和噻唑烟酸4种吡啶类除草剂残留量的确证和定量测定，其他食品可参照执行。
GB 23200.37—2016		食品安全国家标准　食品中烯啶虫胺、呋虫胺等20种农药残留量的测定　液相色谱-质谱/质谱法			本标准规定了食品中烯啶虫胺、呋虫胺、螺环菌胺、丁苯吗啉、杀螨隆-甲脒、十三吗啉、叶菌唑、杀螨隆-脲、密灭汀、泰妙菌素、多杀霉素A、多杀霉素D、氨基阿维菌素、甲氨基阿维菌素1、甲氨基阿维菌素2、烯丙酰草胺、驱虫磷、烯唑醇、阿维菌素和甲基甲酸胺阿维菌素农药残留量液相色谱-质谱/质谱测定方法和制样方法。 本标准适用于进出口大米、糙米、玉米、大麦和小麦中以上20种农药残留量的检测和确证，其他食品可参照执行。

（续）

标准号	替代标准	标准名称	起草单位	主要起草人	范　围
GB 23200.38—2016		食品安全国家标准　植物源性食品中环己烯酮类除草剂残留量的测定　液相色谱-质谱/质谱法			本标准规定了大米、大豆、玉米、小白菜、马铃薯、大蒜、葡萄和橙中吡喃草酮、禾草灭、噻草酮、苯草酮、烯禾啶和烯草酮6种环己烯酮类除草剂的液相色谱-串联质谱法检测方法。 本标准适用于大米、大豆、玉米、小白菜、马铃薯、大蒜、葡萄和橙中吡喃草酮、禾草灭、噻草酮、苯草酮、烯禾啶和烯草酮6种环己烯酮类除草剂残留量的检测与确证，其他食品可参照执行。
GB 23200.39—2016		食品安全国家标准　食品中噻虫嗪及其代谢物噻虫胺残留量的测定　液相色谱-质谱/质谱法			本标准规定了食品中噻虫嗪和噻虫胺残留量的液相色谱-质谱/质谱检测方法。 本标准适用于大米、大豆、板栗、菠菜、油麦菜、洋葱、茄子、马铃薯、柑橘、蘑菇、茶等植物性产品和鸡肝、猪肉、牛奶等动物源性产品中噻虫嗪、噻虫胺残留量的检测和确证，其他食品可参照执行。

（续）

标准号	替代标准	标准名称	起草单位	主要起草人	范　　围
GB 23200.40—2016		食品安全国家标准　可乐饮料中有机磷、有机氯农药残留量的测定　气相色谱法			本标准规定了可乐饮料中 11 种有机磷、有机氯农药残留量的气相色谱测定方法。 本标准适用于可乐饮料中敌敌畏、毒死蜱、马拉硫磷、对硫磷、七氯、六氯苯、六六六及其异构体、五氯硝基苯 11 种有机磷、有机氯农药残留量的检测，其他食品可参照执行。
GB 23200.41—2016		食品安全国家标准　食品中噻节因残留量的检测方法			本标准规定了大米、白菜、柑橘、马铃薯、茶叶、板栗、鸡肉、鱼肉、猪肉、牛肉、猪肝、蜂蜜、鸡蛋、牛奶中噻节因残留量的气相色谱测定方法。 本标准适用于大米、白菜、柑橘、马铃薯、茶叶、板栗、鸡肉、鱼肉、猪肉、牛肉、猪肝、蜂蜜、鸡蛋、牛奶中噻节因残留量的测定和确证，其他食品可参照执行。
GB 23200.42—2016		食品安全国家标准　粮谷中氟吡禾灵残留量的检测方法			本标准规定了粮谷中氟吡禾灵残留量检验的抽样、制样和气相色谱测定方法。 本标准适用于大米中氟吡禾灵残留量的检验，其他食品可参照执行。

（续）

标准号	替代标准	标准名称	起草单位	主要起草人	范　围
GB 23200.43—2016		食品安全国家标准　粮谷及油籽中二氯喹啉酸残留量的测定　气相色谱法			本标准规定了粮谷及油籽中二氯喹啉酸残留量的气相色谱测定方法。 本标准适用于糙米、大豆、玉米、小麦中二氯喹啉酸残留量的测定，其他食品可参照执行。
GB 23200.44—2016		食品安全国家标准　粮谷中二硫化碳、四氯化碳、二溴乙烷残留量的检测方法			本标准规定了粮谷中二硫化碳、四氯化碳、二溴乙烷残留量检验的制样和气相色谱测定方法。 本标准适用于玉米中二硫化碳、四氯化碳、二溴乙烷残留量的检验，其他食品可参照执行。
GB 23200.45—2016		食品安全国家标准　食品中除虫脲残留量的测定　液相色谱-质谱法			本标准规定了食品中除虫脲残留的液相色谱-质谱检测方法。 本标准适用于大米、玉米、大豆、小麦、花生（仁）、橙、苹果、西芹、洋葱、蘑菇（鲜）、蜂蜜、蘑菇（干）、茶、鸡肉、牛肉、猪肉、猪肝中除虫脲残留量的测定和确证，其他食品可参照执行。

（续）

标准号	替代标准	标准名称	起草单位	主要起草人	范　　围
GB 23200.46—2016		食品安全国家标准　食品中嘧霉胺、嘧菌胺、腈菌唑、嘧菌酯残留量的测定　气相色谱-质谱法			本标准规定了试样的制备方法和保存条件以及粮谷、蔬菜、水果、坚果、茶叶、畜、禽、水产品、蜂产品中嘧霉胺、嘧菌胺、腈菌唑、嘧菌酯残留量检验的气相色谱-质谱测定方法。 本标准适用于大米、茄子、苹果、板栗、茶叶、牛肉、鸡肉、鱼、蜂蜜中嘧霉胺、嘧菌胺、腈菌唑、嘧菌酯残留量的测定，其他食品可参照执行。
GB 23200.47—2016		食品安全国家标准　食品中四螨嗪残留量的测定　气相色谱-质谱法			本标准规定了食品中四螨嗪残留量的气相色谱-质谱检测方法。 本标准适用于柑橘、苹果、菠菜、西蓝花、牛肝、鸡肾中四螨嗪残留量的测定，其他食品可参照执行。
GB 23200.48—2016		食品安全国家标准　食品中野燕枯残留量的测定　气相色谱-质谱法			本标准规定了食品中野燕枯残留量的气相色谱-质谱检测方法。 本标准适用于小麦、玉米猪肉、牛肉中野燕枯残留量的测定，其他食品可参照执行。

（续）

标准号	替代标准	标准名称	起草单位	主要起草人	范　　围
GB 23200.49—2016		食品安全国家标准　食品中苯醚甲环唑残留量的测定　气相色谱-质谱法			本标准规定了食品中苯醚甲环唑的制样、气相色谱-质谱联用检测和确证方法。 本标准适用于豌豆、紫苏、胡萝卜、菠菜、大米、黄豆、中药材、茶叶、西柚、菠萝、草莓、酱油、醋、蜂蜜、王浆干粉、猪肉、牛肉、鸡肉、鳗和龙虾仁等食品中苯醚甲环唑残留量的测定和确证，其他食品可参照执行。
GB 23200.50—2016		食品安全国家标准　食品中吡啶类农药残留量的测定　液相色谱-质谱/质谱法			本标准规定了食品中吡虫啉、啶虫脒、咪唑乙烟酸、氟啶草酮、啶酰菌胺、噻唑烟酸和氟硫草啶 7 种吡啶类农药残留量检测的制样和液相色谱-质谱/质谱法。 本标准适用于大米、小麦、马铃薯、菠菜、柑橘、核桃仁、茶叶、猪肉、鱼肉、猪肝和牛奶中吡虫啉、啶虫脒、咪唑乙烟酸、氟啶草酮、啶酰菌胺、噻唑烟酸和氟硫草啶残留量的测定和确证，其他食品可参照执行。

（续）

标准号	替代标准	标准名称	起草单位	主要起草人	范　　围
GB 23200.51—2016		食品安全国家标准　食品中呋虫胺残留量的测定　液相色谱-质谱/质谱法			本标准规定了食品中吡虫啉、啶虫脒、咪唑乙烟酸、氟啶草酮、啶酰菌胺、噻唑烟酸和氟硫草啶 7 种吡啶类农药残留量检测的制样和液相色谱-质谱/质谱法。 本标准适用于大米、小麦、马铃薯、菠菜、柑橘、核桃仁、茶叶、猪肉、鱼肉、猪肝和牛奶中吡虫啉、啶虫脒、咪唑乙烟酸、氟啶草酮、啶酰菌胺、噻唑烟酸和氟硫草啶残留量的测定和确证，其他食品可参照执行。
GB 23200.52—2016		食品安全国家标准　食品中嘧菌环胺残留量的测定　气相色谱-质谱法			本标准规定了食品中嘧菌环胺残留量的气相色谱-质谱检测及确证方法。 本标准适用于大米、大豆、小菘菜、甜豌豆、梨、柑橘、花生、茶叶、牛肉、鸡肉、虾肉、蜂蜜中嘧菌环胺残留量的检测和确证，其他食品可参照执行。

（续）

标准号	替代标准	标准名称	起草单位	主要起草人	范围
GB 23200.53—2016		食品安全国家标准 食品中氟硅唑残留量的测定 气相色谱-质谱法			本标准规定了食品中氟硅唑残留量测定的气相色谱-质谱法及确证方法。 本标准适用于大米、大豆、小菘菜、甜豌豆、梨、柑橘、花生、茶叶、牛肉、鸡肉、虾肉、蜂蜜中氟硅唑残留量的检测和确证，其他食品可参照执行。
GB 23200.54—2016		食品安全国家标准 食品中甲氧基丙烯酸酯类杀菌剂残留量的测定 气相色谱-质谱法			本标准规定了食品中11种甲基丙烯酸酯类杀菌剂残留量的制样和测定方法（气相色谱-质谱法）。 本标准适用于苹果、梨、葡萄、甘蓝、黄瓜、蘑菇、橙汁、茶饮料、大米、板栗、牛肉、猪肉、鸡肉、鸡蛋和牛奶等食品中11种甲氧基丙烯酸酯类［包括嘧菌酯、醚菌胺、嘧螨酯、氟嘧菌酯、醚菌酯、苯氧菌酯（Z、E两种构型）肟醚菌胺、啶氧菌酯、吡唑醚菌酯和肟菌酯］杀菌剂残留量的测定，其他食品可参照执行。

（续）

标准号	替代标准	标准名称	起草单位	主要起草人	范　　围
GB 23200.55—2016		食品安全国家标准　食品中21种熏蒸剂残留量的测定　顶空气相色谱法			本标准规定了食品中1,1,1-三氯乙烷、反-1,3-二氯丙烯、顺-1,3-二氯丙烯、三氯乙烯、1,2-二氯丙烷、溴二氯甲烷、1,1,2-三氯乙烷、四氯乙烯、三二溴氯甲烷、溴仿、1,1,2,2-四氯乙烷、1,3-二氯苯、1,4-二氯苯、1,2-二氯苯、1,2,4-三氯苯、1,2,3-三氯苯、六氯丁二烯、1,2-二溴乙烷、1,2-二氯乙烷、四氯化碳、三氯甲烷21种熏蒸剂残留量的顶空气相色谱法。 本标准适用于玉米、糙米、花生、大豆等食品中21种熏蒸剂残留量的测定，其他食品可参照执行。
GB 23200.56—2016		食品安全国家标准　食品中喹氧灵残留量的检测方法			本标准规定了食品中喹氧灵残留量的液相色谱与液相色谱-质谱/质谱的检测方法。 本标准适用于大豆、花椰菜、樱桃、木耳、葡萄酒、茶叶、蜂蜜、猪肝、鸡肉、鳗中喹氧灵残留量的测定和确证，其他食品可参照执行。

（续）

标准号	替代标准	标准名称	起草单位	主要起草人	范　围
GB 23200.57—2016		食品安全国家标准　食品中乙草胺残留量的检测方法			本标准规定了食品中乙草胺残留量的气相色谱测定、气相色谱-质谱法确证和制样方法。 本标准适用于花生、大豆、玉米、小麦、洋葱、海菜、鸡肉、猪肉、腰果和松茸中乙草胺残留量的测定，其他食品可参照执行。
GB 23200.58—2016		食品安全国家标准　食品中氯酯磺草胺残留量的测定　液相色谱-质谱/质谱法			本标准规定了食品中氯酯磺草胺残留量的液相色谱-质谱/质谱法。 本标准适用于玉米、大米、大豆、板栗、核桃、菜心、番茄、辣椒、菠菜、洋葱、橙、草莓、芒果、樱桃、香菇、茶叶等植物源性产品和鸡肝、猪肝、牛奶等动物源性产品中氯酯磺草胺残留量的检测和确证，其他食品可参照执行。
GB 23200.59—2016		食品安全国家标准　食品中敌草腈残留量的测定　气相色谱-质谱法			本标准规定了食品中敌草腈残留量的气相色谱-质谱法。 本标准适用于大米、大豆、板栗、菠菜、洋葱、香菇、番茄、芒果、橙、黑莓、西瓜、猪肉和牛奶中敌草腈残留量的检测和确证，其他食品可参照执行。

（续）

标准号	替代标准	标准名称	起草单位	主要起草人	范　　围
GB 23200.60—2016		食品安全国家标准　食品中炔草酯残留量的检测方法			本标准规定了食品中炔草酯残留量检测的气相色谱测定和气相色谱-质谱确证的方法。 本标准适用于芦笋、马铃薯、葱、梨、桃、玉米、荞麦、茶叶、食醋、蜂蜜、核桃仁、兔肉、鸡肝、虾仁、鸡肉中炔草酯残留量的检测，其他食品可参照执行。
GB 23200.61—2016		食品安全国家标准　食品中苯胺灵残留量的测定　气相色谱-质谱法			本标准规定了食品中苯胺灵残留量测定的气相色谱-质谱测定方法。 本标准适用于毛豆、芥末菜、芦柑、花生、茶叶、姜、香菇、鳗、猪肉、鸡肝、大米、大豆等食品中苯胺灵残留量的测定和确证，其他食品可参照执行。
GB 23200.62—2016		食品安全国家标准　食品中氟烯草酸残留量的测定　气相色谱-质谱法			本标准规定了食品中氟烯草酸残留量的气相色谱-质谱法。 本标准适用于玉米、芹菜、苹果、花生、茶叶、牛肉、鸡肝、鱼、蜂蜜、大豆和牛奶中氟烯草酸残留量的检测和确证，其他食品可参照执行。

（续）

标准号	替代标准	标准名称	起草单位	主要起草人	范　围
GB 23200.63—2016		食品安全国家标准　食品中噻酰菌胺农药残留量的测定　液相色谱-质谱/质谱法			本标准规定了食品中噻酰菌胺农药残留量的液相色谱-质谱/质谱检测方法。 本标准适用于生菜、胡萝卜、菜心、大米、柑橘、葡萄、板栗、牛肉、羊肝、鸡肉、罗非鱼、番茄酱、茶叶、蜂蜜中噻酰菌胺农药残留的定性鉴定/定量测定，其他食品可参照执行。
GB 23200.64—2016		食品安全国家标准　食品中吡丙醚残留量的测定　液相色谱-质谱/质谱法			本标准规定了食品中吡丙醚残留量的制样和测定方法。 本标准适用于大米、大豆、菠菜、柠檬、茶叶、蘑菇、牛肉、猪肝和牛奶中吡丙醚残留量的检测，其他食品可参照执行。
GB 23200.65—2016		食品安全国家标准　食品中四氟醚唑残留量的检测方法			本标准规定了食品中四氟醚唑残留量检测和制样、气相色谱-质谱检测和确证方法。 本标准适用于菠菜、藕、草莓、花生、鸡肉、猪肉、鳕、蜂蜜、板栗、茶叶和酱油中四氟醚唑残留量的测定和确证，其他食品可参照执行。

（续）

标准号	替代标准	标准名称	起草单位	主要起草人	范　　围
GB 23200.66—2016		食品安全国家标准　食品中吡螨胺残留量的测定　气相色谱-质谱法			本标准规定了食品中吡螨胺残留量检测和制样、气相色谱-质谱检测和确证方法。 本标准适用于菠菜、藕、草莓、花生、鸡肉、猪肉、鳕、蜂蜜、板栗、茶叶中吡螨胺残留量的测定和确证，其他食品可参照执行。
GB 23200.67—2016		食品安全国家标准　食品中炔苯酰草胺残留量的测定　气相色谱-质谱法			本标准规定了食品中炔苯酰草胺残留量的气相色谱-质谱检测方法。 本标准适用于菠菜、胡萝卜、草莓、花生、鸡肉、葱、鳕、蜂蜜、板栗、茶叶中炔苯酰草胺残留量的检测和确证，其他食品可参照执行。
GB 23200.68—2016		食品安全国家标准　食品中啶酰菌胺残留量的测定　气相色谱-质谱法			本标准规定了食品中啶酰菌胺残留量的气相色谱-质谱检测方法。 本标准适用于菠菜、胡萝卜、草莓、花生、板栗、茶叶、葱、鸡肉、鳕和蜂蜜啶酰菌胺残留量的检测和确证，其他食品可参照执行。

（续）

标准号	替代标准	标准名称	起草单位	主要起草人	范　围
GB 23200.69—2016		食品安全国家标准　食品中二硝基苯胺类农药残留量的测定　液相色谱-质谱/质谱法			本标准规定了食品中 8 种二硝基苯胺类农药残留量的液相色谱-质谱/质谱法检测方法。 本标准适用于黄豆、大米、菠菜、生姜、苹果、甘蓝、节瓜、茶叶、鸡蛋、猪肉和鸡肝中氟乐灵、二甲戊灵、氨磺乐灵、氨氟灵、甲磺乐灵和异丙乐灵 8 种二硝基苯胺类农药残留量的测定和确证，其他食品可参照执行。
GB 23200.70—2016		食品安全国家标准　食品中三氟羧草醚残留量的测定　液相色谱-质谱/质谱法			本标准规定了食品中三氟羧草醚残留量检测的液相色谱-质谱/质谱法检测方法。 本标准适用于大豆、大米、糙米、毛豆、苹果和猪肉中三氟羧草醚残留量的测定，其他食品可参照执行。

（续）

标准号	替代标准	标准名称	起草单位	主要起草人	范　　围
GB 23200.71—2016		食品安全国家标准　食品中二缩甲酰亚胺类农药残留量的测定　气相色谱-质谱法			本标准规定了食品中乙烯菌核利、乙菌利、腐霉利、异菌脲残留量的气相色谱-质谱检测方法。 本标准适用于茶叶、大米、大蒜、苹果、菠菜、板栗、葡萄酒、蜂蜜、鱼肉、鸡肉、猪肾、猪肉中乙烯菌核利、乙菌利、腐霉利、异菌脲残留量的测定，其他食品可参照执行。
GB 23200.72—2016		食品安全国家标准　食品中苯酰胺类农药残留量的测定　气相色谱-质谱法			本标准规定了食品中25种苯酰胺类农药残留量的气相色谱-质谱检测方法。 本标准适用于玉米、菠菜、蘑菇、苹果、大豆、板栗、茶叶、牛肉、牛肝、鸡肉、鱼肉、牛奶中25种苯酰胺类农药残留量的测定和确证，其他食品可参照执行。
GB 23200.73—2016		食品安全国家标准　食品中鱼藤酮和印楝素残留量的测定　液相色谱-质谱/质谱法			本标准规定了食品中鱼藤酮和印楝素残留量检测的液相色谱-质谱/质谱检测方法。 本标准适用于大米、花椰菜、苹果、木耳、茶叶、蜂蜜、猪肝、鱼肉、虾肉、鸡肉、牛奶中鱼藤酮和印楝素残留量的测定和确证，其他食品可参照执行。

（续）

标准号	替代标准	标准名称	起草单位	主要起草人	范　围
GB 23200.74—2016		食品安全国家标准　食品中井冈霉素残留量的测定　液相色谱-质谱/质谱法			本标准规定了食品中井冈霉素残留量检测的液相色谱-质谱/质谱检测方法。 本标准适用于大米、卷心菜、葱、胡萝卜、番茄、黄瓜、菠菜、木耳、梨、柠檬、杏仁、茶叶、猪肉、猪肝、罗非鱼、虾中井冈霉素残留的检测和确证，其他食品可参照执行。
GB 23200.75—2016		食品安全国家标准　食品中氟啶虫酰胺残留量的检测方法			本标准规定了食品中氟啶虫酰胺残留量的气相色谱法检测和液相色谱-质谱/质谱确证方法。 本标准适用于生菜、胡萝卜、菜心、大米、柑橘、葡萄、板栗、牛肉、羊肝、鸡肉、罗非鱼、番茄酱、茶叶、蜂蜜中氟啶虫酰胺残留量的定量测定和定性确证，其他食品可参照执行。
GB 23200.76—2016		食品安全国家标准　食品中氟苯虫酰胺残留量的测定　液相色谱-质谱/质谱法			本标准规定了食品中氟苯虫酰胺残留量测定的液相色谱-质谱/质谱分析方法。 本标准适用于葱、萝卜、番茄、橙、大豆、苹果、茶、核桃、鱼、猪瘦肉、猪肝和牛奶中氟苯虫酰胺残留量的检测和确证，其他食品可参照执行。

（续）

标准号	替代标准	标准名称	起草单位	主要起草人	范　　围
GB 23200.77—2016		食品安全国家标准　食品中苄螨醚残留量的检测方法			本标准规定了食品中苄螨醚残留量检测的气相色谱测定和气相色谱-质谱确证方法。 本标准适用于芦笋、马铃薯、葱、梨、桃、玉米、荞麦、茶叶、食醋、蜂蜜、核桃仁、兔肉、鸡肝、虾仁、鸡肉中苄螨醚残留量的检测，其他食品可参照执行。
GB 23200.78—2016		食品安全国家标准　肉及肉制品中巴毒磷残留量的测定　气相色谱法			本标准规定了肉及肉制品中巴毒磷残留量的测定方法。 本标准适用于猪肉、香肠和午餐肉等肉及肉制品中巴毒磷残留量的测定，其他食品可参照执行。
GB 23200.79—2016		食品安全国家标准　肉及肉制品中吡菌磷残留量的测定　气相色谱法			本标准规定了肉及肉制品中吡菌磷残留量检测的气相色谱测定方法。 本标准适用于猪肉、鸡肉和牛肉中吡菌磷残留量的检测，其他食品可参照执行。
GB 23200.80—2016		食品安全国家标准　肉及肉制品中双硫磷残留量的检测方法			本标准规定了出口肉及肉制品中双硫磷残留量的气相色谱-质谱测定方法。 本标准适用于出口猪肉中双硫磷残留量的测定，其他食品可参照执行。

（续）

标准号	替代标准	标准名称	起草单位	主要起草人	范　围
GB 23200.81—2016		食品安全国家标准　肉及肉制品中西玛津残留量的检测方法			本标准规定了肉及肉制品中西玛津残留量的气相色谱检测方法。 本标准适用于牛肉中西玛津残留量的检验，其他食品可参照执行。
GB 23200.82—2016		食品安全国家标准　肉及肉制品中乙烯利残留量的检测方法			本标准规定了肉及肉制品中乙烯利残留量的试样制备和气相色谱测定方法。 本标准适用于猪肉、牛肉、鸡肉等肉及肉制品中乙烯利残留量的检测，其他食品可参照执行。
GB 23200.83—2016		食品安全国家标准　食品中异稻瘟净残留量的检测方法			本标准规定了食品中异稻瘟净的气相色谱法和气相色谱-质谱方法。 本标准适用于茶叶、菠菜、苹果、板栗、蜂蜜、食醋、大米、鸡肉、牛肉、鱼肉中异稻瘟净残留量的测定和确证。
GB 23200.84—2016		食品安全国家标准　肉品中甲氧滴滴涕残留量的测定　气相色谱-质谱法			本标准规定了肉品中甲氧滴滴涕残留量的气相色谱-质谱检测方法。 本标准适用于鸡肉、鸭肉、猪肉中甲氧滴滴涕残留量的测定，其他食品可参照执行。

（续）

标准号	替代标准	标准名称	起草单位	主要起草人	范　围
GB 23200.85—2016		食品安全国家标准　乳及乳制品中多种拟除虫菊酯农药残留量的测定　气相色谱-质谱法			本标准规定了乳及乳制品中 2,6 -二异丙基萘、七氟菊酯、生物丙烯菊酯、烯虫酯、苄呋菊酯、联苯菊酯、甲氰菊酯、氯氟氰菊酯、氯菊酯、氟氯氰菊酯、氯氰菊酯、氟氰戊菊酯、醚菊酯、氰戊菊酯、氟胺氰菊酯、溴氰菊酯 17 种多组分农药残留量的气相色谱-质谱检测方法。 本标准适用于液体乳、乳粉、炼乳、乳脂肪、干酪、乳冰激凌和乳清粉中 2,6 -二异丙基萘、七氟菊酯、生物丙烯菊酯、烯虫酯、苄呋菊酯、联苯菊酯、甲氰菊酯、氯氟氰菊酯、氯菊酯、氟氯氰菊酯、氯氰菊酯、氟氰戊菊酯、醚菊酯、氰戊菊酯、氟胺氰菊酯、溴氰菊酯 17 种农药残留量的检测和确证，其他食品可参照执行。
GB 23200.86—2016		食品安全国家标准　乳及乳制品中多种有机氯农药残留量的测定　气相色谱-质谱/质谱法			本标准规定了乳及乳制品中多种有机氯农药残留量气相色谱-质谱/质谱法。 本标准适用于液态奶、奶粉、酸奶（半固态）、冰激凌、奶糖等乳及乳制品中 α -六六六、β -六六六、

（续）

标准号	替代标准	标准名称	起草单位	主要起草人	范　　围
GB 23200.86—2016					林丹、o,p'-滴滴涕、p,p'-滴滴涕、o,p'-滴滴伊、p，p'-滴滴伊、o,p'-滴滴滴、p,p'-滴滴滴、甲氧滴滴涕、七氯、环氧七氯、艾氏剂、狄氏剂、异狄氏剂、异狄氏剂酮、顺式-氯丹、反式-氯丹、氧化氯丹、α-硫丹、β-硫丹、硫丹硫酸盐、六氯苯、四氯硝基苯、五氯硝基苯、五氯苯胺、甲基五氯苯基硫醚、灭蚁灵30种有机氯农药残留量的测定和确证，其他食品可参照执行。
GB 23200.87—2016		食品安全国家标准　乳及乳制品中噻菌灵残留量的测定　荧光分光光度法			本标准规定了乳及乳制品中噻菌灵残留量检验的抽样、制样和荧光分光光度测定方法。 本标准适用于鲜乳中噻菌灵残留量的检验，其他食品可参照执行。
GB 23200.88—2016		食品安全国家标准　水产品中多种有机氯农药残留量的检测方法			本标准规定了水产品中的六六六（BHC）及异构体、六氯苯（HCB）、七氯、环氧七氯、艾氏剂、狄氏剂、异狄氏剂、滴滴涕（DDT）及异构体和类似物（DDD，DDE）残留量检验的抽样、制样和气相色谱测定方法。

（续）

标准号	替代标准	标准名称	起草单位	主要起草人	范　　围
GB 23200.88—2016					本标准适用于出口鳄鱼中 14 种有机氯农药（α-BHC、β-BHC、γ-BHC、δ-BHC、六氯苯、七氯、环氧七氯、艾氏剂、狄氏剂、异狄氏剂、o，p'-DDT、p，p'-DDT、p,p'-DDD、p,p'-DDE）残留量的检验，其他食品可参照执行。
GB 23200.89—2016		食品安全国家标准　动物源性食品中乙氧喹啉残留量的测定　液相色谱法			本标准规定了猪肉、猪肝、猪肾、鸡肉、鱼肉、鸡蛋、蜂蜜、牛奶中乙氧喹啉残留量的液相色谱测定和高效液相色谱-质谱确证方法。 本标准适用于猪肉、猪肝、猪肾、鸡肉、鱼肉、鸡蛋、蜂蜜、牛奶中乙氧喹啉残留量的测定和确证，其他食品可参照执行。
GB 23200.90—2016		食品安全国家标准　乳及乳制品中多种氨基甲酸酯类农药残留量的测定　液相色谱-质谱法			本标准规定了乳及乳制品中杀线威、灭多威、抗蚜威、涕灭威、速灭威、恶虫威、克百威、甲萘威、呋线威、异丙威、乙霉威、仲丁威、残杀威和甲硫威 14 种氨基甲酸酯类农药残留量的液相色谱-质谱检测方法。

（续）

标准号	替代标准	标准名称	起草单位	主要起草人	范　围
GB 23200.90—2016					本标准适用于纯奶、酸奶、奶粉、奶酪和果奶中杀线威、灭多威、抗蚜威、涕灭威、速灭威、恶虫威、克百威、甲萘威、呋线威、异丙威、乙霉威、仲丁威、残杀威和甲硫威残留量的测定和确证，其他食品可参照执行。
GB 23200.91—2016		食品安全国家标准　动物源性食品中 9 种有机磷农药残留量的测定　气相色谱法			本标准规定了火腿和腌制鱼干（鲞）中 9 种有机磷农药残留量检验的制样和气相色谱检测方法。 本标准适用于火腿和腌制鱼干（鲞）中敌敌畏、甲胺磷、乙酰甲胺磷、甲基对硫磷、马拉硫磷、对硫磷、喹硫磷、杀扑磷、三唑磷农药残留量的检测，其他食品可参照执行。
GB 23200.92—2016		食品安全国家标准　动物源性食品中五氯酚残留量的测定　液相色谱-质谱法			本标准规定了动物源性食品中五氯酚残留量的制样、液相色谱-质谱测定方法。 本标准适用于猪肝、猪肾、猪肉、牛奶、鱼肉、虾、蟹等动物源性食品中五氯酚残留的测定，其他食品可参照执行。

（续）

标准号	替代标准	标准名称	起草单位	主要起草人	范　　围
GB 23200.93—2016		食品安全国家标准　食品中有机磷农药残留量的测定　气相色谱-质谱法			本标准规定了动物源食品中10种有机磷农药残留量（敌敌畏、二嗪磷、皮蝇磷、杀螟硫磷、马拉硫磷、毒死蜱、倍硫磷、对硫磷、乙硫磷、蝇毒磷）的气相色谱-质谱检测方法。 本标准适用于清蒸猪肉罐头、猪肉、鸡肉、牛肉、鱼肉中有机磷农药残留量的测定和确证，其他食品可参照执行。
GB 23200.94—2016		食品安全国家标准　动物源性食品中敌百虫、敌敌畏、蝇毒磷残留量的测定　液相色谱-质谱/质谱法			本标准规定了畜、禽分割肉、盐渍肠衣和蜂蜜中敌百虫、敌敌畏、蝇毒磷残留量的制样、液相色谱-质谱/质谱检验方法。 本标准适用于分割肉、盐渍肠衣和蜂蜜中敌百虫、敌敌畏、蝇毒磷残留量的测定，其他食品可参照执行。
GB 23200.95—2016		食品安全国家标准　蜂产品中氟胺氰菊酯残留量的检测方法			本标准规定了蜂产品中氟胺氰菊酯残留量检验的抽样、制样和气相色谱测定方法。 本标准适用于出口蜂蜜中氟胺氰菊酯残留量的检验，其他食品可参照执行。

（续）

标准号	替代标准	标准名称	起草单位	主要起草人	范　围
GB 23200.96—2016		食品安全国家标准　蜂蜜中杀虫脒及其代谢产物残留量的测定　液相色谱-质谱/质谱法			本标准规定了蜂蜜中杀虫脒及其代谢物（4-氯邻甲苯胺）的液相色谱-质谱/质谱检测方法。 本标准适用于蜂蜜（洋槐蜜、荆条蜜、蜂巢蜜、杂花蜜、野蜂蜜）中杀虫脒及其代谢物（4-氯邻甲苯胺）残留量的液相色谱-质谱/质谱的测定和确证，其他食品可参照执行。
GB 23200.97—2016		食品安全国家标准　蜂蜜中5种有机磷农药残留量的测定　气相色谱法			本标准规定了蜂蜜中敌百虫、皮蝇磷、毒死蜱、马拉硫磷、蝇毒磷农药残留量的气相色谱测定方法。 本标准适用于蜂蜜中敌百虫、皮蝇磷、毒死蜱、马拉硫磷、蝇毒磷农药残留量的测定和确证，其他食品可参照执行。
GB 23200.98—2016		食品安全国家标准　蜂王浆中11种有机磷农药残留量的测定　气相色谱法			本标准规定了蜂王浆中11种有机磷农药残留量测定的制样和气相色谱测定方法。 本标准适用于蜂王浆中敌敌畏、甲胺磷、灭线磷、甲拌磷、乐果、甲基对硫磷、马拉硫磷、对硫磷、喹硫磷、三唑磷、蝇毒磷农药残留量的检测，其他食品可参照执行。

（续）

标准号	替代标准	标准名称	起草单位	主要起草人	范　　围
GB 23200.99—2016		食品安全国家标准　蜂王浆中多种氨基甲酸酯类农药残留量的测定　液相色谱-质谱/质谱法			本标准规定了蜂王浆中甲硫威、恶虫威、异丙威、甲萘威、灭多威、克百威、抗蚜威、仲丁威残留量的液相色谱-质谱/质谱测定方法。 本标准适用于蜂王浆中甲硫威、恶虫威、异丙威、甲萘威、灭多威、克百威、抗蚜威、仲丁威残留量的测定和确证，其他食品可参照执行。
GB 23200.100—2016		食品安全国家标准　蜂王浆中多种菊酯类农药残留量的测定　气相色谱法			本标准规定了蜂王浆中联苯菊酯、甲氰菊酯、高效氯氟氰菊酯、氯菊酯、氟氯氰菊酯、氯氰菊酯、氟胺氰菊酯、氰戊菊酯、溴氰菊酯农药残留量的气相色谱测定方法。 本标准适用于蜂王浆中联苯菊酯、甲氰菊酯、高效氯氟氰菊酯、氯菊酯、氟氯氰菊酯、氯氰菊酯、氟胺氰菊酯、氰戊菊酯、溴氰菊酯农药残留量的测定，其他食品可参照执行。

（续）

标准号	替代标准	标准名称	起草单位	主要起草人	范　围
GB 23200.101—2016		食品安全国家标准　蜂王浆中多种杀螨剂残留量的测定　气相色谱-质谱法			本标准规定了蜂王浆中杀螨醚、甲基克杀螨、杀螨酯、乐杀螨、乙酯杀螨醇、溴螨酯三氯杀螨砜、哒螨灵残留量的气相色谱-质谱测定方法和确证方法。 本标准适用于蜂王浆中杀螨醚、甲基克杀螨、杀螨酯、乐杀螨、乙酯杀螨醇、溴螨酯三氯杀螨砜、哒螨灵残留量的测定和确证，其他食品可参照执行。
GB 23200.102—2016		食品安全国家标准　蜂王浆中杀虫脒及其代谢产物残留量的测定　气相色谱-质谱法			本标准规定了蜂王浆中杀虫脒及其代谢产物残留量的气相色谱-质谱测定及确证方法。 本标准适用于蜂王浆中杀虫脒及其代谢产物残留量的测定和确证，其他食品可参照执行。
GB 23200.103—2016		食品安全国家标准　蜂王浆中双甲脒及其代谢产物残留量的测定　气相色谱-质谱法			本标准规定了蜂王浆中双甲脒及其代谢产物残留量的气相色谱-质谱测定及确证方法。 本标准适用于蜂王浆中双甲脒及其代谢产物残留量的测定和确证，其他食品可参照执行。

（续）

标准号	替代标准	标准名称	起草单位	主要起草人	范　　围
GB 23200. 104—2016		食品安全国家标准　肉及肉制品中 2 甲 4 氯及 2 甲 4 氯丁酸残留量的测定　液相色谱-质谱法			本标准规定了出口肉及肉制品中 2 甲 4 氯及 2 甲 4 氯丁酸残留量检测的液相色谱-质谱测定方法。 本标准适用于出口冻分割牛肉、鱼肉、猪肉、鸡肉、牛肉罐头中 2 甲 4 氯及 2 甲 4 氯丁酸残留量的检测，其他食品可参照执行。
GB 23200. 105—2016		食品安全国家标准　肉及肉制品中甲萘威残留量的测定　液相色谱-柱后衍生荧光检测法			本标准规定了肉及肉制品中甲萘威残留量的液相色谱-柱后衍生荧光检测法。 本标准适用于牛肉、鸡肉、虾肉、鱼肉及火腿罐头中甲萘威残留量的测定，其他食品可参照执行。
GB 23200. 106—2016		食品安全国家标准　肉及肉制品中残杀威残留量的测定　气相色谱法			本标准规定了肉及肉制品中残杀威残留量检测的气相色谱测定方法。 本标准适用于猪肉、鸡肉和牛肉中残杀威残留量的检测，其他食品可参照执行。

（续）

标准号	替代标准	标准名称	起草单位	主要起草人	范　围
NY/T 402—2016	NY/T 402—2000	脱毒甘薯种薯（苗）病毒检测技术规程	江苏徐州甘薯研究中心、河南省农业科学院植物保护研究所	谢逸萍、张振亚、孙厚俊、乔奇、张成玲、秦艳红、赵永强、张德胜、徐振、王爽、杨冬静	本标准规定了脱毒甘薯种薯（苗）病毒检测技术的术语定义、检测对象、抽样、检测方法和脱毒种薯（苗）的质量标准。 本标准适用于脱毒甘薯种薯（苗）的甘薯羽状斑驳病毒、甘薯潜隐病毒、甘薯 G 病毒、甘薯褪绿斑病毒、甘薯褪绿矮化病毒和甘薯双生病毒检测。
NY/T 1151.6—2016		农药登记用卫生杀虫剂室内药效试验及评价 第 6 部分：服装面料用驱避剂	农业部农药检定所、军事医学科学院微生物流行病研究所	赵彤言、朱春雨、陈立萍、杨峻、夏文、曹艳、何静	本部分规定了服装面料用驱避剂的室内药效试验与评价方法。 本部分适用于驱避剂处理过的成品服装面料的驱避效果评价，也可用于驱避剂即时处理服装面料的驱避效果评价。
NY/T 1153.7—2016		农药登记用白蚁防治剂药效试验方法及评价 第 7 部分：农药喷粉处理防治白蚁	农业部农药检定所、全国白蚁防治中心	宋晓刚、朱春雨、杨峻、袁善奎、张楠、李贤宾、曹艳	本部分规定了喷粉处理用的白蚁防治剂防治白蚁的药效试验方法及评价标准。 本部分适用于农药登记喷粉处理用的白蚁防治白蚁的药效测定和评价。

（续）

标准号	替代标准	标准名称	起草单位	主要起草人	范　　围
NY/T 1248.6—2016		玉米抗病虫性鉴定技术规范 第6部分：腐霉茎腐病	中国农业科学院作物科学研究所、全国农业技术推广服务中心、河北省农林科学院植物保护研究所、四川省农业科学院植物保护研究所、吉林省农业科学院植物保护研究所	王晓鸣、孙世贤、石洁、李晓、晋齐鸣	本部分规定了玉米抗腐霉茎腐病鉴定技术方法和抗性评价标准。 本部分适用于农药登记栽培玉米自交系、杂交系、群体、开放授粉品种以及野生玉米和玉米近缘种对腐霉茎腐病抗性的田间鉴定和评价。
NY/T 1248.7—2016		玉米抗病虫性鉴定技术规范 第7部分：镰孢茎腐病	中国农业科学院作物科学研究所、全国农业技术推广服务中心、河北省农林科学院植物保护研究所、四川省农业科学院植物保护研究所、吉林省农业科学院植物保护研究所	石洁、孙世贤、王晓鸣、李晓、晋齐鸣	本部分规定了玉米抗镰孢茎腐病鉴定技术方法和抗性评价标准。 本部分适用于农药登记栽培玉米自交系、杂交系、群体、开放授粉品种以及野生玉米和玉米近缘种对镰孢茎腐病抗性的田间鉴定和评价。
NY/T 1248.8—2016		玉米抗病虫性鉴定技术规范 第8部分：镰孢穗腐病	中国农业科学院作物科学研究所、全国农业技术推广服务中心、河北省农林科学院植物保护研究所、四川省农业科学院植物保护研究所、吉林省农业科学院植物保护研究所	王晓鸣、孙世贤、石洁、李晓、晋齐鸣	本部分规定了玉米抗镰孢穗腐病鉴定技术方法和抗性评价标准。 本部分适用于农药登记栽培玉米自交系、杂交系、群体、开放授粉品种以及野生玉米和玉米近缘种对镰孢穗腐病抗性的田间鉴定和评价。

（续）

标准号	替代标准	标准名称	起草单位	主要起草人	范　围
NY/T 1248.9—2016		玉米抗病虫性鉴定技术规范　第9部分：纹枯病	中国农业科学院作物科学研究所、全国农业技术推广服务中心、河北省农林科学院植物保护研究所、四川省农业科学院植物保护研究所、吉林省农业科学院植物保护研究所	李晓、孙世贤、王晓鸣、石洁、晋齐鸣	本部分规定了玉米抗纹枯病鉴定技术方法和抗性评价标准。 本部分适用于农药登记栽培玉米自交系、杂交系、群体、开放授粉品种以及野生玉米和玉米近缘种对玉米纹枯病抗性的田间鉴定和评价。
NY/T 1248.10—2016		玉米抗病虫性鉴定技术规范　第10部分：弯孢叶斑病	中国农业科学院作物科学研究所、全国农业技术推广服务中心、河北省农林科学院植物保护研究所、四川省农业科学院植物保护研究所、吉林省农业科学院植物保护研究所	王晓鸣、孙世贤、石洁、李晓、晋齐鸣	本部分规定了玉米抗弯孢叶斑病鉴定技术方法和抗性评价标准。 本部分适用于农药登记栽培玉米自交系、杂交系、群体、开放授粉品种以及野生玉米和玉米近缘种对弯孢叶斑病抗性的田间鉴定和评价。
NY/T 1248.11—2016		玉米抗病虫性鉴定技术规范　第11部分：灰斑病	中国农业科学院作物科学研究所、全国农业技术推广服务中心、河北省农林科学院植物保护研究所、四川省农业科学院植物保护研究所、吉林省农业科学院植物保护研究所	晋齐鸣、李晓、孙世贤、王晓鸣、石洁	本部分规定了玉米抗灰斑病鉴定技术方法和抗性评价标准。 本部分适用于农药登记栽培玉米自交系、杂交系、群体、开放授粉品种以及野生玉米和玉米近缘种对灰斑病抗性的田间鉴定和评价。

（续）

标准号	替代标准	标准名称	起草单位	主要起草人	范　围
NY/T 1248.12—2016		玉米抗病虫性鉴定技术规范 第12部分：瘤黑粉病	中国农业科学院作物科学研究所、全国农业技术推广服务中心、河北省农林科学院植物保护研究所、四川省农业科学院植物保护研究所、吉林省农业科学院植物保护研究所	石洁、孙世贤、王晓鸣、晋齐鸣、李晓	本部分规定了玉米抗瘤黑粉病鉴定技术方法和抗性评价标准。 本部分适用于农药登记栽培玉米自交系、杂交系、群体、开放授粉品种以及野生玉米和玉米近缘种对瘤黑粉病抗性的田间鉴定和评价。
NY/T 1248.13—2016		玉米抗病虫性鉴定技术规范 第13部分：粗缩病	中国农业科学院作物科学研究所、全国农业技术推广服务中心、河北省农林科学院植物保护研究所、四川省农业科学院植物保护研究所、吉林省农业科学院植物保护研究所	王晓鸣、孙世贤、石洁、李晓、晋齐鸣	本部分规定了玉米抗粗缩病鉴定技术方法和抗性评价标准。 本部分适用于农药登记栽培玉米自交系、杂交系、群体、开放授粉品种以及野生玉米和玉米近缘种对粗缩病抗性的田间鉴定和评价。
NY/T 1427—2016	NY/T 1427—2007	农药常温储存稳定性试验通则	农业部农药检定所、黑龙江省农药管理检定站、河北省农药检定所	吴进龙、于荣、李岩、刘苹苹、李国平、王雪娟、宋俊华、姜宜飞、王胜翔、武鹏、李立军、陈铁春	本标准规定了农药常温储存稳定性试验方法和试验报告编写的要求。 本标准适用于为申请农药制剂登记而进行的常温储存稳定性试验。

（续）

标准号	替代标准	标准名称	起草单位	主要起草人	范　　围
NY/T 1464.59—2016		农药田间药效试验准则　第59部分：杀虫剂防治茭白螟虫	农业部农药检定所、上海市农药检定所	何翠娟、朱春雨、陈秀、杨峻、张颂函、王伟民、张琳	本部分规定了杀虫剂防治茭白螟虫田间药效小区试验的方法和基本要求。 本部分适用于杀虫剂防治茭白二化螟、大螟的登记用田间药效小区试验及药效评价。
NY/T 1464.60—2016		农药田间药效试验准则　第60部分：杀虫剂防治姜（储藏期）异型眼蕈蚊幼虫	农业部农药检定所、山东省农药检定所	李洪刚、曹艳、金岩、周超、杨峻、袁善奎、朱春雨	本部分规定了杀虫剂防治姜储藏期异型眼蕈蚊幼虫的试验方法和基本要求。 本部分适用于杀虫剂防治姜储藏期异型眼蕈蚊幼虫登记用田间药效试验及评价，其他防治异型眼蕈蚊幼虫的药效试验可参照本标准执行。
NY/T 1464.61—2016		农药田间药效试验准则　第61部分：除草剂防治高粱田杂草	农业部农药检定所、黑龙江省农药管理检定站	金焕贵、张佳、陈亿兵、袁善奎、张勇、聂东兴、夏文	本部分规定了除草剂防治高粱田杂草田间药效小区试验的方法和基本要求。 本部分适用于除草剂防治高粱田杂草的登记用田间药效小区试验及药效评价。

（续）

标准号	替代标准	标准名称	起草单位	主要起草人	范围
NY/T 1464.62—2016		农药田间药效试验准则　第 62 部分：植物生长调节剂促进西瓜生长	农业部农药检定所、中国农业科学院植物保护研究所	李香菊、张佳、崔海兰、杨峻、陈立萍、聂东兴、何静	本部分规定了植物生长调节剂促进西瓜生长田间药效小区试验的方法和要求。 本部分适用于植物生长调节剂促进西瓜生长的登记用田间药效小区试验及药效评价，适用于露地栽培和设施栽培的西瓜。
NY/T 1859.8—2016		农药抗性风险评估　第 8 部分：霜霉病菌对杀菌剂抗药性风险评估	农业部农药检定所、中国农业大学	刘西莉、陈立萍、杨峻、袁善奎、朱春雨、张楠、何静	本部分规定了霜霉病菌对杀菌剂抗药性风险评估的基本要求、方法及抗药性风险的管理。 本部分适用于卵菌门霜霉目霜霉科霜霉属、假霜霉属、盘梗霉属、单轴霉属、指梗霉属等专性寄生病原菌对具有直接作用方式的杀菌剂抗性风险评估的农药登记试验，其他试验可参照本部分执行。
NY/T 1860.1—2016	NY/T 1860.1—2010	农药理化性质测定试验导则　第 1 部分：pH	农业部农药检定所、河北省农药检定所	于荣、王雪娟、刘苹苹、胡福春、李友顺、许昊	本部分规定了农药 pH 测定的试验方法和试验报告内容等基本要求。 本部分适用于农药登记实验中农药原药（含母药）和农药制剂 pH 的测定。

（续）

标准号	替代标准	标准名称	起草单位	主要起草人	范　围
NY/T 1860.2—2016	NY/T 1860.2—2010	农药理化性质测定试验导则 第2部分：酸（碱）度	农业部农药检定所、河北省农药检定所	于荣、王雪娟、刘苹苹、崔洁、薄瑞、王静	本部分规定了农药酸（碱）度测定的试验方法和试验报告内容等基本要求。 本部分适用于农药登记实验中农药酸（碱）度的测定。
NY/T 1860.3—2016	NY/T 1860.3—2010	农药理化性质测定试验导则 第3部分：外观	农业部农药检定所、河北省农药检定所	王胜翔、王雪娟、刘苹苹、王崇侠、王天骄	本部分规定了外观测定的试验方法和试验报告内容等基本要求。 本部分适用于农药登记实验中农药外观（包括颜色、物理状态和气味）的测定。
NY/T 1860.4—2016	NY/T 1860.4—2010	农药理化性质测定试验导则 第4部分：热稳定性	农业部农药检定所、河北省农药检定所	于荣、王雪娟、李友顺、闫帅帅、薄瑞、白林彦	本部分规定了农药纯品和原药热稳定性测定的试验方法和试验报告内容等基本要求。 本部分适用于农药登记实验中农药纯品和原药热稳定性和空气中稳定性的筛选试验。

（续）

标准号	替代标准	标准名称	起草单位	主要起草人	范围
NY/T 1860.5—2016	NY/T 1860.5—2010	农药理化性质测定试验导则 第5部分：紫外/可见光吸收	农业部农药检定所、河北省农药检定所	刘苹苹、王雪娟、李友顺、赵展、王伟尧、郭海霞	本部分规定了农药紫外/可见光吸收测定的试验方法和试验报告内容等基本要求。 本部分适用于农药登记实验中紫外/可见光吸收的测定。
NY/T 1860.6—2016	NY/T 1860.6—2010	农药理化性质测定试验导则 第6部分：爆炸性	农业部农药检定所、沈阳化工研究院有限公司	宋俊华、侯松嵋、杨锴、宋乐平、黄伟、李璇	本部分规定了农药产品爆炸性测定的试验方法和试验报告内容等基本要求。 本部分适用于农药登记实验中农药原药或制剂爆炸性的测定。
NY/T 1860.7—2016	NY/T 1860.7—2010	农药理化性质测定试验导则 第7部分：水中光解	农业部农药检定所、沈阳化工研究院有限公司、辽宁省农药检定所	侯松嵋、姜宜飞、李世忠、郭静、武鹏、李国平	本部分规定了水中光解测定的试验方法和试验报告内容等基本要求。 本部分适用于农药登记实验中农药纯品（有效成分≥98%）或农药水中光解性质的测定。
NY/T 1860.8—2016	NY/T 1860.8—2010	农药理化性质测定试验导则 第8部分：正辛醇/水分配系数	农业部农药检定所、沈阳化工研究院有限公司	于荣、侯松嵋、吴进龙、李璇、赵清、李国平	本部分规定了正辛醇/水分配系数测定的试验方法和试验报告内容等基本要求。 本部分适用于农药登记实验中农药纯品中正辛醇/水分配系数的测定。

（续）

标准号	替代标准	标准名称	起草单位	主要起草人	范　围
NY/T 1860.9—2016	NY/T 1860.9—2010	农药理化性质测定试验导则 第9部分：水解	农业部农药检定所、沈阳化工研究院有限公司	宋俊华、侯松嵋、王胜翔、赵清华、郭静、黄伟	本部分规定了水解测定的试验方法和试验报告内容等基本要求。 本部分适用于农药登记实验中农药纯品（有效成分≥98%）或农药原药水解性质的测定。
NY/T 1860.10—2016	NY/T 1860.10—2010	农药理化性质测定试验导则 第10部分：氧化/还原：化学不相容性	农业部农药检定所、沈阳化工研究院有限公司、辽宁省农药检定所	李国平、侯松嵋、李世忠、郭静、姜宜飞、刘苹苹	本部分规定了不同物质间化学不相容性测定的试验方法和试验报告内容等基本要求。 本部分适用于农药登记实验中农药原药或制剂产品不相容性的测定。
NY/T 1860.11—2016	NY/T 1860.11—2010	农药理化性质测定试验导则 第11部分：闪点	农业部农药检定所、北京颖泰嘉和分析技术有限公司、湖南化工研究院	王胜翔、朱明伟、吴进龙、邵向东、赵永辉、李红霞、黄路	本部分规定了液体农药产品闪点测定的试验方法和试验报告内容等基本要求。 本部分适用于农药登记实验中液体农药纯品、原药以及制剂闪点的测定。
NY/T 1860.12—2016	NY/T 1860.12—2010	农药理化性质测定试验导则 第12部分：燃点	农业部农药检定所、北京颖泰嘉和分析技术有限公司、湖南化工研究院	刘苹苹、朱明伟、邵向东、李红霞、王小丽、黄路	本部分规定了液体农药产品燃点测定的试验方法和试验报告内容等基本要求。 本部分适用于农药登记实验中液体农药纯品、原药以及制剂燃点的测定。

（续）

标准号	替代标准	标准名称	起草单位	主要起草人	范　　围
NY/T 1860.13—2016	NY/T 1860.13—2010	农药理化性质测定试验导则 第13部分：与非极性有机溶剂混溶性	农业部农药检定所、北京颖泰嘉和分析技术有限公司	于荣、孔令娥、李国平、邵向东、温华珍、李红霞	本部分规定了农药产品与非极性有机溶剂混溶性测定的试验方法和试验报告内容等基本要求。 本部分适用于农药登记实验中，农药产品与非极性有机溶剂混溶性的测定。
NY/T 1860.14—2016	NY/T 1860.14—2010	农药理化性质测定试验导则 第14部分：饱和蒸气压	农业部农药检定所、北京颖泰嘉和分析技术有限公司	宋俊华、高静、陈铁春、李国平、邵向东、李红霞	本部分规定了农药饱和蒸气压测定的试验方法和试验报告内容等基本要求。 本部分适用于农药登记实验中农药有效成分和原药蒸气压的测定。
NY/T 1860.15—2016	NY/T 1860.15—2010	农药理化性质测定试验导则 第15部分：固体可燃性	农业部农药检定所、北京颖泰嘉和分析技术有限公司	吴进龙、孔令娥、姜宜飞、温华珍、李红霞	本部分规定了固体农药可燃性测定的试验方法和试验报告内容等基本要求。 本部分适用于农药登记实验中固体农药有效成分、原药和制剂在不改变性状的条件下可燃性的测定。
NY/T 1860.16—2016	NY/T 1860.16—2010	农药理化性质测定试验导则 第16部分：对包装材料腐蚀性	农业部农药检定所、北京颖泰嘉和分析技术有限公司	朱明伟、郭海霞、武鹏、邵向东、李红霞、王玥	本部分规定了农药产品对其包装材料腐蚀性测定的试验方法和试验报告内容等基本要求。 本部分适用于农药登记实验中农药以及制剂对包装材料腐蚀性的测定。

（续）

标准号	替代标准	标准名称	起草单位	主要起草人	范　围
NY/T 1860.17—2016	NY/T 1860.17—2010	农药理化性质测定试验导则 第17部分：密度	农业部农药检定所、中国农业大学	刘苹苹、赵柳微、王胜翔、刘丰茂、郭海霞、郭刚	本部分规定了农药密度测定的试验方法和试验报告内容等基本要求。 本部分适用于农药登记实验中农药纯品、原药及制剂密度的测定。
NY/T 1860.18—2016	NY/T 1860.18—2010	农药理化性质测定试验导则 第18部分：比旋光度	农业部农药检定所、中国农业大学	赵永辉、刘丰茂、王胜翔、赵柳微、薄瑞、薛佳莹	本部分规定了农药比旋光度测定的试验方法和试验报告内容等基本要求。 本部分适用于农药登记实验中具有光学活性的农药纯品和农药原药的测定。
NY/T 1860.19—2016	NY/T 1860.19—2010	农药理化性质测定试验导则 第19部分：沸点	农业部农药检定所、中国农业大学	刘苹苹、刘丰茂、姜宜飞、赵柳微、黄伟、薄瑞、蒋雯晴	本部分规定了农药沸点测定的试验方法和试验报告内容等基本要求。 本部分适用于农药登记实验中农药纯品和农药原药沸点的测定。
NY/T 1860.20—2016	NY/T 1860.20—2010	农药理化性质测定试验导则 第20部分：熔点/熔程	农业部农药检定所、中国农业大学	刘苹苹、刘丰茂、宋俊华、赵柳微、武鹏、石凯威	本部分规定了农药熔点测定的试验方法和试验报告内容等基本要求。 本部分适用于农药登记实验中农药纯品和农药原药熔点/熔程的测定。
NY/T 1860.21—2016	NY/T 1860.21—2010	农药理化性质测定试验导则 第21部分：黏度	农业部农药检定所、中国农业大学	姜宜飞、刘丰茂、吴进龙、赵柳微、李慧晨、李国平	本部分规定了农药黏度测定的试验方法和试验报告内容等基本要求。 本部分适用于农药登记实验中液体原药和液体制剂黏度的测定。

（续）

标准号	替代标准	标准名称	起草单位	主要起草人	范　　围
NY/T 1860.22—2016	NY/T 1860.22—2010	农药理化性质测定试验导则 第22部分：有机溶剂中溶解度	农业部农药检定所、中国农业大学	吴进龙、刘丰茂、宋俊华、赵柳微、姜宜飞、侯帆	本部分规定了农药在有机溶剂中溶解度测定的试验方法和试验报告内容等基本要求。 本部分适用于农药登记实验中非挥发性农药纯品和原药在有机溶剂中溶解度的测定。
NY/T 1860.23—2016		农药理化性质测定试验导则 第23部分：水中溶解度	农业部农药检定所、中国农业大学	姜宜飞、刘丰茂、宋俊华、赵柳微、吴进龙、张玲	本部分规定了农药水中溶解度测定的试验方法和试验报告内容等基本要求。 本部分适用于农药登记实验中非挥发性农药及纯品的测定。
NY/T 1860.24—2016		农药理化性质测定试验导则 第24部分：固体的相对自燃温度	农业部农药检定所、北京颖泰嘉和分析技术有限公司	吴进龙、崔丽娜、王胜翔、王玥、邵向东、李红霞	本部分规定了通过升温测定固体农药自燃性质的试验方法和试验报告内容等基本要求。 本部分适用于农药登记实验中固体农药纯品、原药和制剂相对自燃温度的测定。 本部分不适用于易爆产品、在常温下与空气发生自燃的产品以及在本方法试验条件下熔化的固体产品（例如表面活性剂等）。

（续）

标准号	替代标准	标准名称	起草单位	主要起草人	范围
NY/T 1860.25—2016		农药理化性质测定试验导则 第25部分：气体可燃性	农业部农药检定所、湖南化工研究院、北京颖泰嘉和分析技术有限公司	吴进龙、黄路、姜宜飞、项军、邵向东、李红霞	本部分规定了气体农药可燃性测定的试验方法和试验报告内容等基本要求。 本部分适用于农药登记实验中气体农药可燃性的测定。
NY/T 1860.26—2016		农药理化性质测定试验导则 第26部分：自燃温度（液体与气体）	农业部农药检定所、北京颖泰嘉和分析技术有限公司	姜宜飞、谢秀兰、王胜翔、温华珍、邵向东、李红霞	本部分规定了自燃温度（液体与气体）测定的试验方法和试验报告内容等基本要求。 本部分适用于农药登记实验中液体和气体的自燃温度测定。
NY/T 1860.27—2016		农药理化性质测定试验导则 第27部分：气雾剂的可燃性	农业部农药检定所、沈阳化工研究院有限公司	宋俊华、侯松嵋、吴进龙、李璇、姜宜飞、薛俊海	本部分规定了气雾剂可燃性测定的试验方法和试验报告内容等基本要求。 本部分适用于农药登记实验中喷洒距离大于15cm或以上的气雾剂产品可燃性的测定。
NY/T 1860.28—2016		农药理化性质测定试验导则 第28部分：氧化性	农业部农药检定所、沈阳化工研究院有限公司	姜宜飞、侯松嵋、宋俊华、李璇、吴进龙、宋乐平	本部分规定了化学农药氧化性测定的试验方法和试验报告内容等基本要求。 本部分适用于农药登记实验中农药原药和制剂氧化性的测定。

（续）

标准号	替代标准	标准名称	起草单位	主要起草人	范　围
NY/T 1860.29—2016		农药理化性质测定试验导则 第29部分：遇水可燃性	农业部农药检定所、浙江省化工研究院、浙江省农药检定管理所	宋俊华、方路、杨洪达、金晓云、黄晓华、许来威、俞霖洁	本部分规定了农药产品遇水可燃性测定的试验方法和试验报告内容等基本要求。 本部分适用于农药登记实验中对固体或液体农药产品是否会遇水或潮湿空气反应放出危险数量的、可燃烧的气体而进行的测定。 本部分不适用于下列物质： ①发火物质（又称作自燃物质）； ②生产或加工过程表明不与水反应的产品，如用水或在水介质中生产和加工的产品，经水洗处理的产品； ③已知溶于水后形成稳定混合物（溶液、胶体、悬浮液等）的产品。
NY/T 1860.30—2016		农药理化性质测定试验导则 第30部分：水中解离常数	农业部农药检定所、浙江省化工研究院、浙江省农药检定管理所	许来威、吴进龙、谭头云、孙剑英、黄晓华、方路、谢佩瑾、张钦杰	本部分规定了农药纯品水中解离常数测定的试验方法和试验报告内容等基本要求。 本部分适用于农药登记实验中农药纯品的水中解离常数测定。

（续）

标准号	替代标准	标准名称	起草单位	主要起草人	范　围
NY/T 1860.31—2016		农药理化性质测定试验导则第31部分：水溶液表面张力	农业部农药检定所、山东省农药检定所、山东省农药科学研究院	姜宜飞、姜士聚、庄占兴、崔蕊蕊、刘钰、高继跃、李向阳、韩帅兵、周力、郭雯婷	本部分规定了农药水溶液表面张力测定的试验方法和试验报告内容等基本要求。 本部分适用于农药登记实验中农药纯品、原药及制剂的水溶液表面张力的测定。
NY/T 1860.32—2016		农药理化性质测定试验导则第32部分：粒径分布	农业部农药检定所、贵州省分析测试研究院	吴进龙、李荣华、宋光林、肖飞、林绍霞、杨鸿波、陈蓓蓓、李占彬	本部分规定了农药原药和农药制剂粒径分布测定的试验方法和试验报告内容等基本要求。 本部分适用于农药登记实验中农药原药和农药制剂粒径分布的测定。
NY/T 1860.33—2016		农药理化性质测定试验导则第33部分：吸附/解吸附	农业部农药检定所、浙江省农业科学院	何红梅、陈铁春、张春荣、于荣、朱亚红	本部分规定了农药土壤吸附/解吸附试验方法和试验报告内容等基本要求。 本部分适用于农药登记实验中不挥发或微挥发的农药纯品或原药的土壤吸附/解吸附的测定。
NY/T 1860.34—2016		农药理化性质测定试验导则第34部分：水中形成络合物的能力	农业部农药检定所、浙江省农业科学院	俞建忠、李国平、于荣、汤涛、赵华	本部分规定了农药在水中形成络合物能力测定的试验方法和试验报告内容等基本要求。 本部分适用于农药登记实验中农药纯品的水中形成络合物的测定。

（续）

标准号	替代标准	标准名称	起草单位	主要起草人	范　　围
NY/T 1860.35—2016		农药理化性质测定试验导则 第35部分：聚合物分子量和分子量分布测定（凝胶渗透色谱法）	农业部农药检定所、浙江省农业科学院	胡秀卿、李国平、于荣、张峰祖、张昌朋、吴珉	本部分规定了聚合物分子量和分子量分布测定的试验方法和试验报告内容等基本要求。 本部分适用于农药登记实验中聚合物农药原药的分子量和分子量分布的测定。
NY/T 1860.36—2016		农药理化性质测定试验导则 第36部分：聚合物低分子量组分含量测定（凝胶渗透色谱法）	农业部农药检定所、浙江省农业科学院	俞瑞鲜、李国平、姜宜飞、张峰祖、赵学平、吴长兴	本部分规定了聚合物低分子量组分含量测定的试验方法和试验报告内容等基本要求。 本部分适用于农药登记实验中聚合物农药原药中低分子量组分含量的测定。
NY/T 1860.37—2016		农药理化性质测定试验导则 第37部分：自热物质试验	农业部农药检定所、浙江省化工研究院	陈铁春、王高升、吴进龙、许来威、任斌、许丹红、方路	本部分规定了农药产品自热物质试验的试验方法和试验报告内容等基本要求。 本部分适用于农药登记实验中对固体农药产品在自然储存的条件下是否会自必热的危险性进行的测定。
NY/T 1860.38—2016		农药理化性质测定试验导则 第38部分：对金属和金属离子的稳定性	农业部农药检定所、河北省农药检定所	宋俊华、王雪娟、于荣、张彦芬、李友顺、魏金旺	本部分规定了农药产品对金属和金属离子的稳定性测定的试验方法和试验报告内容等基本要求。 本部分适用于农药登记实验中农药产品对金属和金属离子的稳定性的测定。

（续）

标准号	替代标准	标准名称	起草单位	主要起草人	范　　围
NY/T 2061.5—2016		农药室内生物测定试验准则 植物生长调节剂 第5部分：混配的联合作用测定	农业部农药检定所、浙江省化工研究院	陈杰、袁善奎、徐小燕、杨峻、张佳、曹艳、聂东兴	本部分规定了植物生长调节剂联合作用测定试验的基本方法和要求。 本部分适用于混配植物生长调节剂联合作用效果评价的农药登记室内试验。
NY/T 2062.4—2016		天敌防治靶标生物田间药效试验准则 第4部分：七星瓢虫防治保护地蔬菜蚜虫	农业部农药检定所、中国农业科学院植物保护研究所	张楠、张礼生、张云华、袁善奎、安涛、陈红印、于洋	本部分规定了七星瓢虫防治保护地蔬菜蚜虫田间药效试验的方法和基本要求。 本部分适用于农药登记用七星瓢虫防治保护地蔬菜蚜虫田间药效试验及效果评价。七星瓢虫防治其他保护地作物蚜虫可参照执行。
NY/T 2063.4—2016		天敌昆虫室内饲养方法准则 第4部分：七星瓢虫室内饲养方法	农业部农药检定所、中国农业科学院植物保护研究所	张礼生、袁善奎、蒋莎、朱春雨、陈红印、王孟卿、刘晨曦	本部分规定了采用大豆蚜室内饲养七星瓢虫的基本方法和要求。 本部分适用于以大豆幼苗上的大豆蚜为活体猎物，繁殖七星瓢虫的室内饲养方法。应用其他植物及蚜虫时可参照执行。

（续）

标准号	替代标准	标准名称	起草单位	主要起草人	范　围
NY/T 2882.1—2016		农药登记　环境风险评估指南　第1部分：总则	农业部农药检定所	周艳明、陶传江、姜辉、李重九、李文娟、于彩虹	本部分规定了农药登记环境风险评估的原则、程序和方法。 本部分适用于为化学农药以及有效成分化学结构明确的生物源农药登记而进行的环境风险评估。
NY/T 2882.2—2016		农药登记　环境风险评估指南　第2部分：水生生态系统	农业部农药检定所	周艳明、李文娟、耿岳、陶传江、马晓东、覃志豪、曲甍甍、周瑞泽、陈长利、马婧	本部分规定了农药对水生生态系统影响的风险评估原则、程序和方法。 本部分适用于为化学农药以及有效成分化学结构明确的生物源农药登记而进行的对水生生态系统影响的风险评估。
NY/T 2882.3—2016		农药登记　环境风险评估指南　第3部分：鸟类	农业部农药检定所	朴秀英、曲甍甍、陶传江、李文娟、林燕、周瑞泽、陈长利、刘云飞、冀建华	本部分规定了农药对鸟类的风险评估原则、程序和方法。 本部分适用于为化学农药以及有效成分化学结构明确的生物源农药登记而进行的农药使用对鸟类影响的风险评估。

（续）

标准号	替代标准	标准名称	起草单位	主要起草人	范　　围
NY/T 2882.4—2016		农药登记　环境风险评估指南　第4部分：蜜蜂	农业部农药检定所	袁善奎、周艳明、曲莹莹、李文娟、林燕、周欣欣、姜辉、贾然、覃志豪	本部分规定了农药对蜜蜂影响的风险评估原则、程序和方法。 本部分适用于在农药喷施、土壤处理和种子处理时，为化学农药以及有效成分化学结构明确的生物源农药登记而进行的对蜜蜂影响的风险评估。
NY/T 2882.5—2016		农药登记　环境风险评估指南　第5部分：家蚕	农业部农药检定所	曲莹莹、姜辉、张燕、林燕、李文娟、孙新友、王晓军、周瑞泽、冀建华	本部分规定了化学农药对家蚕影响的风险评估原则、程序和方法。 本部分适用于为化学农药以及有效成分化学结构明确的生物源农药登记而进行、喷雾使用的农药对家蚕影响的风险评估。
NY/T 2882.6—2016		农药登记　环境风险评估指南　第6部分：地下水	农业部农药检定所	朴秀英、马晓东、李文娟、陶传江、覃志豪、耿岳、曲莹莹、张丽英、贾然、马婧	本部分规定了农药对地下水的风险评估原则、程序和方法。 本部分适用于为化学农药以及有效成分化学结构明确的生物源农药登记而进行的农药使用对地下水的风险评估。

（续）

标准号	替代标准	标准名称	起草单位	主要起草人	范　　围
NY/T 2882.7—2016		农药登记　环境风险评估指南　第7部分：非靶标节肢动物	农业部农药检定所	林荣华、于彩虹、姜辉、袁善奎、马晓东、李文娟、曲甍甍、周艳明、周欣欣	本部分规定了农药对陆生非靶标节肢动物影响的风险评估程序和方法。 本部分适用于为化学农药以及有效成分化学结构明确的生物源农药登记而进行的、喷雾使用的农药对农田内外两种暴露场景下的非靶标节肢动物影响的风险评估。 本部分不适用于蜜蜂和家蚕的风险评估。
NY/T 2883—2016		农药登记用日本血吸虫尾蚴防护剂药效试验方法及评价	农业部农药检定所、湖南省血吸虫病防治所	魏望远、朱春雨、易平、杨峻、张楠、曹艳、聂东兴	本标准规定了日本血吸虫尾蚴防护剂室内和模拟现场药效试验方法和药效评价指标。 本标准适用于农药登记用尾蚴防护剂的效果评价。
NY/T 2884.1—2016		农药登记用仓储害虫防治剂药效试验方法和评价　第1部分：防护剂	农业部农药检定所、中储粮成都粮食储藏科学研究所	严晓平、杨峻、朱春雨、袁善奎、陈立萍、何静、张楠	本部分规定了防护剂防治仓储害虫的实验室及现场试验的方法、基本要求和评价指标。 本部分适用于防护剂防治仓储害虫（玉米象、谷蠹、赤拟谷盗等）的农药登记用药效试验及效果评价。

（续）

标准号	替代标准	标准名称	起草单位	主要起草人	范　围
NY/T 2885—2016		农药登记田间药效试验质量管理规范	农业部农药检定所、浙江省化工研究院	杨峻、陈杰、袁静、袁善奎、张佳、朱春雨、魏启文	本标准规定了农药登记田间药效试验应遵从的基本要求。 本标准适用于为农药登记提供数据而进行的田间药效试验。
NY/T 2886—2016		农药登记原药全组分分析试验指南	农业部农药检定所、中国农业科学院植物保护研究所、北京颖泰嘉和分析技术有限公司	姜宜飞、吴进龙、宋俊华、于荣、李红霞、黄啟良、刘苹苹、李国平、陈铁春	本标准规定了农药登记原药全组分分析试验的基本内容、试验方法和试验报告等要求。 本标准适用于为申请农药登记所进行的原药全组分分析试验。
NY/T 2887—2016		农药产品质量分析方法确认指南	农业部农药检定所、中国农业科学院植物保护研究所	吴进龙、曹立冬、宋俊华、刘苹苹、姜宜飞、于荣、李国平、陈铁春	本标准规定了农药原药中有效成分、杂质和安全剂、稳定剂等其他限制性成分，制剂中有效成分、相关杂质和安全剂、稳定剂等其他限制性组分含量测定方法的方法确认要求。 本标准适用于为申请农药登记所进行的原药中有效成分、杂质和安全剂、稳定剂等其他限制性成分，制剂中有效成分、相关杂质和安全剂、稳定剂等其他限制性组分含量测定方法的方法确认试验。

（续）

标准号	替代标准	标准名称	起草单位	主要起草人	范　　围
NY/T 2948—2016		农药再评价技术规范	农业部农药检定中心、浙江省农药检定管理所	宗伏霖、林荣华、傅桂平、吕宁、李敏、朴秀英、王华弟、戴德江、沈瑶	本标准规定了对已登记农药进行再评价的基本原则和评估程序。 本标准适用于对已登记农药进行的周期性再评价和特殊性再评价。
NY/T 2989—2016		农药登记产品规格制定规范	农业部农药检定所、浙江省农药检定管理所、山东省农药检定所、江苏省农药检定所	陈铁春、宋俊华、黄晓华、吴进龙、李国平、于荣、姜宜飞、刘苹苹、姜士聚、王胜翔、俞晓江、徐永、李向阳、迟归兵	本标准规定了原（母）药及不同剂型的农药登记产品规格制定规范。 本标准适用于农药登记产品规格的制定。
NY/T 2990—2016		禁限用农药定性定量分析方法	农业部农药检定所、中国农业科学院植物保护研究所	姜宜飞、曹立冬、李国平、吴进龙、刘苹苹、黄啟委、宋俊华、于荣、袁善奎、陆剑飞、黄伟、郭海霞、陈铁春	本标准规定了农药制剂中涕灭威、灭多威、甲胺磷、乙酰甲胺磷、灭线磷、硫线磷、治螟磷、甲拌磷、氧乐果、特丁硫磷、久效磷、地虫硫磷、克百威、乐果、甲基对硫磷、氟虫腈、对硫磷、甲基异柳磷、水胺硫磷、苯线磷、杀扑磷、甲基硫环磷、丁硫克百威、蝇毒磷 24 种禁限用农药的定性定量分析方法。 本标准适用于农药制剂中涕灭威、灭多威、甲胺磷、乙酰甲胺磷、灭

（续）

标准号	替代标准	标准名称	起草单位	主要起草人	范　围
NY/T 2990—2016					线磷、硫线磷、治螟磷、甲拌磷、氧乐果、特丁硫磷、久效磷、地虫硫磷、克百威、乐果、甲基对硫磷、氟虫腈、对硫磷、甲基异柳磷、水胺硫磷、苯线磷、杀扑磷、甲基硫环磷、丁硫克百威、蝇毒磷24种禁限用农药的定性定量分析。
NY/T 2888.1—2016		真菌微生物农药　木霉菌　第1部分：木霉菌母药	农业部农药检定所、上海交通大学	袁善奎、陈捷、姜辉、周欣欣、李雅乾、师丽红、瞿唯钢、王以燕、王一喆	本部分规定了真菌微生物农药木霉菌母药的要求、试验方法、标志、标签、包装、储运及验收。 本部分适用于以棘孢木霉、哈茨木霉、深绿木霉等木霉菌种为活性成分的粉状木霉菌母药。
NY/T 2888.2—2016		真菌微生物农药　木霉菌　第2部分：木霉菌可湿性粉剂	农业部农药检定所、上海交通大学	袁善奎、陈捷、姜辉、周欣欣、李雅乾、师丽红、瞿唯钢、王以燕、王一喆	本部分规定了真菌微生物农药木霉菌可湿性粉剂的要求、试验方法、标志、标签、包装、储运及保证期。 本部分适用于以棘孢木霉、哈茨木霉、深绿木霉等木霉菌种为活性成分添加适宜的助剂和填料后加工而成的木霉菌可湿性粉剂。

（续）

标准号	替代标准	标准名称	起草单位	主要起草人	范围
NY/T 2889.1—2016		氨基寡糖素 第1部分：氨基寡糖素母药	农业部农药检定所、中国科学院大连化学物理研究所	周欣欣、袁善奎、杜昱光、李曙光、李国平、瞿唯钢、曲甍甍、张善学、拓亚琴、周艳明、王一喆	本部分规定了农药氨基寡糖素母药的要求、试验方法、标志、标签、包装、储运及验收。 本部分适用于以壳聚糖为原料、采用生化技术生产的氨基寡糖素母药。
NY/T 2889.2—2016		氨基寡糖素 第2部分：氨基寡糖素水剂	农业部农药检定所、中国科学院大连化学物理研究所	周欣欣、袁善奎、杜昱光、李曙光、李国平、瞿唯钢、曲甍甍、张善学、拓亚琴、周艳明、王一喆	本部分规定了农药氨基寡糖素水剂的要求、试验方法、标志、标签、包装、储运及保证期。 本部分适用于氨基寡糖素母药和适宜的助剂溶解在水中配制而成的氨基寡糖素水剂。
NY/T 2915—2016		水稻高温热害鉴定与分级	全国农业技术推广服务中心、中国水稻研究所	朱德峰、汤金仪、张玉屏、李春广、王亚梁、周建霞、陈惠哲、王爱珺、向镜、张义凯、陈应志	本标准规定了水稻生长发育期高温热害的术语和定义、温度指标、鉴定方法、分级方法、田间验证方法等。 本标准适用于我国高温易发地区水稻品种的耐高温鉴定及分级，为水稻品种选育、种子生产及灾损评估提供科学依据。

（续）

标准号	替代标准	标准名称	起草单位	主要起草人	范　围
NY/T 2916—2016		棉铃虫抗药性监测技术规程	全国农业技术推广服务中心、南京农业大学、江苏省植物保护站、山东省植物保护总站	张帅、吴益东、张浩男、杨亦桦、武淑文、鞠国钢、宋姝娥	本标准规定了棉铃虫抗药性监测的基本方法。 本标准适用于棉铃虫对常用杀虫药剂及苏云金芽孢杆菌杀虫晶体蛋白的抗性监测。
NY/T 2917—2016		小地老虎防治技术规程	全国农业技术推广服务中心、西南大学、温州医科大学、中国农业科学院植物保护研究所	赵中华、丁伟、杜永均、李克斌、朱晓明、李石力、冯波	本标准规定了农田地下害虫小地老虎的防治原则、指标、措施和方法。 本标准适用于全国玉米、棉花、辣椒、烟草、小麦等作物为主的小地老虎的防治，其他作物地老虎的防治可参考应用。
NY/T 2918—2016		南方水稻黑条矮缩病防治技术规程	全国农业技术推广服务中心、华南农业大学、江西省植保植检局、福建省植保植检站、广东省农业有害生物预警防控中心、云南省植保植检站、贵州大学、杭州市萧山区农业技术推广中心、浙江省农业科学院植物保护与微生物研究所、浙江大学生物技术研究所	郭荣、周国辉、徐红星、郑静君、王国荣、庄家祥、钟玲、金林红、吕建平、吴建祥	本标准规定了我国南方水稻黑条矮缩病的防控策略、防治指标及综合防治方法。 本标准适用于我国各水稻种植区南方水稻黑条矮缩病的防治。

（续）

标准号	替代标准	标准名称	起草单位	主要起草人	范　　围
NY/T 2919—2016		瓜类果斑病防控技术规程	全国农业技术推广服务中心、甘肃省植保植检站、新疆维吾尔自治区植物保护站	李潇楠、姜红霞、王晓亮、阿利亚·阿不拉、胡琴、张煜、李春广	本标准规定了瓜类果斑病的防控要求概要、疫情诊断、防控措施、防控记录及存档等。 本标准适用于瓜类果斑病的防控。
NY/T 2920—2016		柑橘黄龙病防控技术规程	全国农业技术推广服务中心、浙江省植物保护检疫局、广东省农业有害生物预警防控中心	冯晓东、王琳、刘慧、孟幼青、杨伟新、李艳敏	本标准规定了我国柑橘黄龙病及传病介体柑橘木虱的防控技术措施。 本标准适用于我国柑橘黄龙病及其传病介体柑橘木虱的综合防控。
NY/T 2950—2016		烟粉虱测报技术规范　棉花	全国农业技术推广服务中心、扬州大学、中国农业科学院植物保护研究所	姜玉英、周福才、陆宴辉、杨益众、曾娟、刘杰	本标准规定了棉田烟粉虱发生程度分级指标、越冬虫量调查、棉田系统调查、大田普查、预测预报、数据汇总汇报和参考资料等方面的技术和方法。 本标准适用于长江流域、黄河流域和西北内陆棉区烟粉虱的测报调查和预报。

（续）

标准号	替代标准	标准名称	起草单位	主要起草人	范　　围
NY/T 2163.1—2016	NY/T 2163.1—2012	盲蝽测报技术规范　第1部分：棉花	全国农业技术推广服务中心、中国农业科学院植物保护研究所	姜玉英、陆宴辉、曾娟、刘杰、夏冰	本部分规定了棉田盲蝽发生程度分级指标、成虫诱测、春季棉田外系统调查、棉田系统调查、棉田大田普查、预测预报方法、数据汇总和汇报等内容。 本部分适用于全国各棉区盲蝽虫情调查和预测预报。
NY/T 2163.2—2016		盲蝽测报技术规范　第2部分：果树	全国农业技术推广服务中心、中国农业科学院植物保护研究所、山东省农业科学院植物保护研究所、河南省农业科学院植物保护研究所	陆宴辉、姜玉英、曾娟、刘杰、门兴元、封洪强	本部分规定了枣、葡萄、苹果、桃、梨、樱桃6种果树上盲蝽发生程度分级指标、成虫诱测、系统调查、普查、预测预报方法和数据汇总等内容。 本部分适用于全国果园盲蝽调查和预测预报。
NY/T 2163.3—2016		盲蝽测报技术规范　第3部分：茶树	全国农业技术推广服务中心、中国农业科学院植物保护研究所	陆宴辉、姜玉英、曾娟、刘杰	本部分规定了茶园盲蝽发生程度分级指标、成虫诱测、系统调查、茶园普查、预测方法和数据汇总等内容。 本部分适用于全国茶园盲蝽虫调查和预测预报。

（续）

标准号	替代标准	标准名称	起草单位	主要起草人	范　　围
NY/T 2163.4—2016		盲蝽测报技术规范　第4部分：苜蓿	全国农业技术推广服务中心、中国农业科学院植物保护研究所、河北省农林科学院植物保护研究所	陆宴辉、姜玉英、潘文亮、曾娟、刘杰	本部分规定了苜蓿田盲蝽发生程度分级指标、成虫灯光诱测、系统调查、田间普查、预测预报方法和数据汇总等内容。 本部分适用于苜蓿田盲蝽调查和预测预报。
NY/T 2951.1—2016		盲蝽综合防治技术规范　第1部分：棉花	全国农业技术推广服务中心、中国农业科学院植物保护研究所	陆宴辉、曾娟、杨普云、郭荣	本部分规定了我国棉田盲蝽的防治策略、防治技术和防治效果评价方法。 本部分适用于全国各棉区棉花上盲蝽的防治。
NY/T 2951.2—2016		盲蝽综合防治技术规范　第2部分：果树	全国农业技术推广服务中心、中国农业科学院植物保护研究所	陆宴辉、曾娟、杨普云、李萍	本部分规定了枣、葡萄、苹果、桃、梨、樱桃等果树上盲蝽的防治策略、防治技术和防治效果评价方法。 本部分适用于全国不同地区果树上盲蝽的防治。
NY/T 2951.3—2016		盲蝽综合防治技术规范　第3部分：茶树	全国农业技术推广服务中心、中国农业科学院植物保护研究所	陆宴辉、曾娟、杨普云、李萍	本部分规定了茶园盲蝽的防治策略、防治技术和防治效果评价方法。 本部分适用于全国不同地区茶园盲蝽的防治。

（续）

标准号	替代标准	标准名称	起草单位	主要起草人	范　围
NY/T 2951.4—2016		盲蝽综合防治技术规范　第4部分：苜蓿	全国农业技术推广服务中心、中国农业科学院植物保护研究所	陆宴辉、曾娟、杨普云、郭荣	本部分规定了苜蓿田盲蝽的防治策略、防治技术和防治效果评价方法。 本部分适用于全国不同地区苜蓿田盲蝽的防治。
NY/T 2952—2016		棉花黄萎病抗性鉴定技术规程	全国农业技术推广服务中心、中国农业科学院棉花研究所、江苏省农业科学院、石河子农业科学研究院	金石桥、冯自力、郭利磊、朱荷琴、李志芳、冯鸿杰、谷铁城、林玲、赵建军、赵丽红、师勇强、杨付新、许乃银、赵淑琴、曲辉英、霍晓妮、简桂良、王瑞清、钟文、刘桂珍、宋锦花、高增尚、陈蔡隽、刘金山	本标准规定了棉花黄萎病抗性的鉴定技术方法和程序。 本标准适用于棉花黄萎病抗性鉴定。
NY/T 2953—2016		小麦区域试验品种抗条锈病鉴定技术规程	全国农业技术推广服务中心、中国农业科学院植物保护研究所	刘太国、谷铁城、陈万权、邱军、孙世贤	本标准规定了小麦区域试验品种抗条锈病鉴定技术方法。 本标准适用于参加小麦区域试验的普通小麦品种（系）抗条锈病鉴定。

（续）

标准号	替代标准	标准名称	起草单位	主要起草人	范　　围
NY/T 2954—2016		小麦区域试验品种抗赤霉病鉴定技术规程	全国农业技术推广服务中心、中国农业科学院植物保护研究所、江苏省农业科学院植物保护研究所	刘太国、谷铁城、陈怀谷、陈万权、邱军、孙世贤	本标准规定了小麦区域试验品种抗赤霉病鉴定技术方法。 本标准适用于参加小麦区域试验的普通小麦品种（系）抗赤霉病鉴定。
NY/T 2955—2016		水稻品种试验水稻黑条矮缩病抗性鉴定与评价技术规程	全国农业技术推广服务中心、江苏省农业科学院植物保护研究所	周彤、曾波、兰莹、谷铁城、胡小军、许明、杜琳琳	本标准规定了水稻品种黑条矮缩病抗性田间鉴定和人工接种鉴定的有关定义、技术规范及抗性评价标准。 本标准适用于国家级和省级水稻品种试验，品种抗病性比较试验、主导品种的抗病性监测等均可参照执行。
NY/T 2992—2016		甘薯茎线虫病综合防治技术规程	江苏徐州甘薯研究中心	谢逸萍、孙厚俊、徐振、杨冬静、张成玲、赵永强、孙明芳、孙扬	本标准规定了甘薯茎线虫病防治的术语和定义、防治原则、防治技术。 本标准适用于甘薯茎线虫病的防治。

（续）

标准号	替代标准	标准名称	起草单位	主要起草人	范　围
NY/T 2994—2016		苜蓿草田主要虫害防治技术规程	宁夏农林科学院植物保护研究所、全国畜牧总站	张蓉、朱猛蒙、贠旭疆、马建华、洪军、魏淑花、杜桂林、王芳	本标准规定了苜蓿草田主要防治对象、防治指标和防治技术。 本标准适用于我国苜蓿草田主要虫害防治。
NY/T 3005—2016		热带作物病虫害监测技术规程木薯细菌性枯萎病	中国热带农业科学院环境与植物保护研究所	黄贵修、刘先宝、李超萍、时涛、蔡吉苗、李博勋、陈奕鹏	本标准规定了发生在木薯上细菌性枯萎病监测的术语和定义、监测网点建设与管理、症状识别与病情统计、监测方法及监测数据保存。 本标准适用于木薯细菌性枯萎病的调查和监测。
NY/T 3006—2016		橡胶树棒孢霉落叶病诊断与防治技术规程	中国热带农业科学院环境与植物保护研究所	黄贵修、刘先宝、李博勋、蔡吉苗、时涛、李超萍、陈奕鹏、王树明	本标准规定了橡胶树棒孢霉落叶病的术语和定义、诊断方法及防治技术措施。 本标准适用于橡胶树棒孢霉落叶病的诊断与防治。
NY/T 3007—2016		瓜实蝇防治技术规程	中国热带农业科学院环境与植物保护研究所、广西大学	符悦冠、韩冬银、张方平、曾东强、李磊、陈俊谕	本标准规定了瓜实蝇防治技术规范中的术语、原则及技术措施。 本标准适用于我国瓜实蝇的防治。

（续）

标准号	替代标准	标准名称	起草单位	主要起草人	范　　围
NY/T 3017—2016		外来入侵植物监测技术规程　银胶菊	中国农业科学院环境与可持续发展研究所、农业部农业生态与资源保护总站	张国良、付卫东、宋振、张瑞海、孙玉芳、张宏斌	本标准规定了银胶菊监测的程序和方法。 本标准适用于在银胶菊适生区域如果园、林地、耕地、道路两侧、养殖场、草场、沟渠等开展对银胶菊的监测。
NY/T 3018—2016		飞机草综合防治技术规程	中国农业科学院环境与可持续发展研究所、农业部农业生态与资源保护总站	张国良、付卫东、宋振、张瑞海、孙玉芳、张宏斌	本标准规定了飞机草的综合防治原则、策略和具体防治技术措施。 本标准适用于农田、草场、果园、林地、沟渠边、荒地、生态脆弱区、石漠化地区等对飞机草进行的综合防治。
NY/T 3019—2016		水葫芦综合防治技术规程	中国农业科学院环境与可持续发展研究所、农业部农业生态与资源保护总站	张国良、付卫东、宋振、张瑞海、孙玉芳、张宏斌	本标准规定了水葫芦综合防治原则、策略、技术方法及程序。 本标准适用于对水产养殖区、水源保护区、湿地、湖泊、沟渠、河道、交通运输水道等生境中水葫芦的防治。

（续）

标准号	替代标准	标准名称	起草单位	主要起草人	范　围
NY/T 3042—2016		国（境）外引进种苗疫情监测规范	山东省植物保护总站、全国农业技术推广服务中心、青岛市植物保护站、潍坊市植物保护站	杨勤民、张德满、赵守岐、金扬秀、秦萌、王连刚、李华春、商明清、刘慧	本标准规定了国（境）外引进种苗的监测申请、监测程序、疫情处理、疫情监测报告以及档案管理。 本标准适用于全国范围内的国（境）外引进种苗的疫情监测。对已制定专门疫情监测规程的引进种苗依照其规程执行。
NY/T 3043—2016		南方水稻季节性干旱灾害田间调查及分级技术规程	中国水稻研究所	张玉屏、朱德峰、陈惠哲、向镜、张义凯、王亚梁、陈刚	本标准规定了南方水稻生长发育期季节性干旱的术语和定义、调查方法、分级评价指标等。 本标准适用于我国南方水稻季节性干旱易发生地区，为水稻干旱灾情的监测、预警与评估提供方法和科学依据。
NY/T 3058—2016		油菜抗旱性鉴定技术规程	中国农业科学院油料作物研究所、安徽农业大学	陆光远、朱宗河、乔醒、张学昆、赵永国	本标准规定了油菜抗旱性鉴定方法及评价标准。 本标准适用于油菜品种或种质资源的抗旱性鉴定。
NY/T 3059—2016		大豆抗孢囊线虫鉴定技术规程	吉林省农业科学院	张金花、任金平、高月波、王义生、李启云、刘晓梅、张伟、王继春、姜兆远	本标准规定了大豆抗孢囊线虫的鉴定方法和评价标准。 本标准适用于大豆种质资源和品种对大豆抗孢囊线虫的抗性鉴定和评价。

（续）

标准号	替代标准	标准名称	起草单位	主要起草人	范　　围
NY/T 3060.1—2016		大麦品种抗病性鉴定技术规程　第1部分：抗条纹病	全国农业技术推广服务中心、中国农业科学院植物保护研究所	朱靖环、蔺瑞明、邱军、杨建明、郭青云、冯晶、汪军妹、王凤涛、贾巧君、姚强、王树杰、尚毅、华为、陈万权、徐世昌	本部分规定了大麦条纹病抗病性鉴定的技术方法和抗病性评价标准。 本部分适用于大麦品种对条纹病抗性的田间鉴定和抗病性评价。
NY/T 3060.2—2016		大麦品种抗病性鉴定技术规程　第2部分：抗白粉病	全国农业技术推广服务中心、中国农业科学院植物保护研究所、云南省农业科学院环境资源研究所、云南省保山市农业科学研究所	周益林、蔺瑞明、邱军、范洁茹、冯晶、王凤涛、毕云青、尹开庆、刘猛道、陈万权、徐世昌	本部分规定了大麦白粉病抗病性鉴定的技术方法和抗病性评价标准。 本部分适用于大麦品种对白粉病抗性的田间鉴定和抗病性评价。
NY/T 3060.3—2016		大麦品种抗病性鉴定技术规程　第3部分：抗赤霉病	浙江省农业科学院作物与核技术利用研究所、中国农业科学院植物保护研究所、全国农业技术推广服务中心、安徽省农业科学院作物科学研究所	朱靖环、蔺瑞明、邱军、杨建明、冯晶、王瑞、贾巧君、王凤涛、汪军妹、华为、尚毅、陈万权、徐世昌	本部分规定了大麦赤霉病抗病性鉴定的技术方法和抗病性评价标准。 本部分适用于大麦品种对赤霉病抗性的田间鉴定和抗病性评价。

（续）

标准号	替代标准	标准名称	起草单位	主要起草人	范　围
NY/T 3060.4—2016		大麦品种抗病性鉴定技术规程 第4部分：抗黄花叶病	扬州大学、中国农业科学院植物保护研究所、全国农业技术推广服务中心	许如根、蔺瑞明、邱军、吕超、冯晶、王凤涛、张新忠、郭宝健、陈万权、徐世昌	本部分规定了大麦黄花叶病抗病性鉴定的技术方法和抗病性评价标准。 本部分适用于大麦品种对黄花叶病抗性的田间鉴定和抗病性评价。
NY/T 3060.5—2016		大麦品种抗病性鉴定技术规程 第5部分：抗根腐病	中国农业科学院植物保护研究所、全国农业技术推广服务中心、黑龙江省农业科学院作物研究所	蔺瑞明、邱军、冯晶、王凤涛、刁艳玲、孙丹、陈万权、徐世昌	本部分规定了大麦根腐病抗病性鉴定的技术方法和抗病性评价标准。 本部分适用于大麦品种对根腐病抗性的田间鉴定和抗病性评价。
NY/T 3060.6—2016		大麦品种抗病性鉴定技术规程 第6部分：抗黄矮病	中国农业科学院植物保护研究所、全国农业技术推广服务中心、西藏自治区农牧科学院、西藏大学	冯晶、蔺瑞明、邱军、王凤涛、强小林、王文峰、王翠玲、彭岳林、陈万权、徐世昌	本部分规定了大麦黄矮病抗病性鉴定的技术方法和抗病性评价标准。 本部分适用于大麦品种对黄矮病抗性的田间鉴定和抗病性评价。
NY/T 3060.7—2016		大麦品种抗病性鉴定技术规程 第7部分：抗网斑病	中国农业科学院植物保护研究所、全国农业技术推广服务中心、甘肃省农业科学院植物保护研究所、甘肃省甘南藏族自治区农业科学研究所	蔺瑞明、邱军、冯晶、王凤涛、曹世勤、刘梅金、陈万权、徐世昌	本部分规定了大麦网斑病抗病性鉴定的技术方法和抗病性评价标准。 本部分适用于大麦品种对网斑病抗性的田间鉴定和抗病性评价。

（续）

标准号	替代标准	标准名称	起草单位	主要起草人	范　　围
NY/T 3060.8—2016		大麦品种抗病性鉴定技术规程　第8部分：抗条锈病	中国农业科学院植物保护研究所、全国农业技术推广服务中心、西藏自治区农牧科学院、西藏大学	王凤涛、蔺瑞明、邱军、冯晶、强小林、王文峰、王翠玲、彭岳林、陈万权、徐世昌	本部分规定了大麦条锈病抗病性鉴定的技术方法和抗病性评价标准。 本部分适用于大麦品种对条锈病抗性的田间鉴定和抗病性评价。
NY/T 3061—2016		花生耐盐性鉴定技术规程	山东省花生研究所、仲恺农业工程学院、湖南农业大学	单世华、张智猛、张廷婷、闫彩霞、赵小波、李春娟、赵红军、王鹏、郑奕雄、李林、陈殿绪、宫清轩、许婷婷、石程仁	本标准规定了花生芽苗期耐盐性鉴定的术语和定义，以及鉴定准备、萌发期处理、苗期处理、指标值计算、鉴定等技术要求。 本标准适用于花生栽培种资源的芽苗期耐盐性鉴定。
NY/T 3062—2016		花生种质资源抗青枯病鉴定技术规程	中国农业科学院油料作物研究所	晏立英、廖伯寿、雷永、姜慧芳、任小平、陈玉宁、万丽云、康彦平、周小静、黄莉、吴昌湛、马皓	本标准规定了花生抗青枯病鉴定的术语和定义、病圃选择、试验设计、播种与田间管理、田间调查及数据处理、抗病性评价。 本标准适用于花生种质资源抗青枯病的病圃鉴定和评价。
NY/T 3063—2016		马铃薯抗晚疫病室内鉴定技术规程	中国农业科学院蔬菜花卉研究所	杨宇红、谢丙炎、冯兰香、茆振川、凌键、陈国华	本标准规定了马铃薯抗晚疫病离体叶片和盆栽鉴定方法与评价标准。 本标准适用于马铃薯品种和材料对晚疫病抗性的室内鉴定及评价。

（续）

标准号	替代标准	标准名称	起草单位	主要起草人	范　　围
NY/T 3064—2016		苹果品种轮纹病抗性鉴定技术规程	中国农业科学院郑州果树研究所	周增强、侯珲、王丽、闫振立、古勤生、彭斌、张恒涛、吕中伟	本标准规定了苹果品种轮纹病抗性鉴定技术规程的技术与评价标准。 本标准适用于苹果品种、杂种实生苗及抗病砧木等相关材料对枝干苹果轮纹病的抗性鉴定与评价。
NY/T 3065—2016		西瓜抗南方根结线虫室内鉴定技术规程	中国农业科学院蔬菜花卉研究所	茆振川、杨宇红、谢丙炎、凌键、陈国华	本标准规定了西瓜抗南方根结线虫的室内抗性鉴定方法及抗性评价方法。 本标准适用于西瓜品种及材料对南方根结线虫的室内抗性鉴定及评价。
NY/T 3066—2016		油菜抗裂角性鉴定技术规程	中国农业科学院油料作物研究所、华中农业大学、河南省农业科学院	梅德胜、胡琼、李云昌、文雁成、周海燕、王会、彭鹏飞、桑世飞、刘佳、付丽	本标准规定了室内采用随机碰撞法鉴定油菜抗裂角性的术语和定义、仪器设备、鉴定方法及抗性评价。 本标准适用于甘蓝型油菜育种材料和种质资源鉴定的抗裂角性检测及评价。
NY/T 3067—2016		油菜耐渍性鉴定技术规程	中国农业科学院油料作物研究所	邹锡玲、赵永国、程勇、陆光远、曾柳、徐劲松、张学昆	本标准规定了油菜耐渍性鉴定的方法及评价标准。 本标准适用于油菜品种、种质资源的耐渍性检测。

（续）

标准号	替代标准	标准名称	起草单位	主要起草人	范　　围
NY/T 3068—2016		油菜品种菌核病抗性鉴定技术规程	中国农业科学院油料作物研究所、全国农业技术推广服务中心	刘胜毅、谷铁城、张芳、程晓晖、丁晓霞、黄军艳	本标准规定了油菜品种菌核病抗性鉴定的有关定义、抗性评价的鉴定方法、试验设计、调查方法、数据计算等技术及汇总报告格式。 本标准适用于各单位开展的油菜品种（系）菌核病抗性鉴定试验。抗病品种（系）的选育、品种（系）抗性比较试验、主导品种的抗病性监测可参照执行。
NY/T 1476—2016	NY/T 1476—2007	热带作物主要病虫害防治技术规程　芒果	中国农业科学院环境与植物保护研究所	张方平、韩冬银、符悦冠、李磊、张贺、牛黎明	本标准规定了芒果主要病虫害的防治原则和技术措施。 本标准适用于我国芒果主要病虫害的防治。

1.4　粮油作物及产品

标准号	替代标准	标准名称	起草单位	主要起草人	范　　围
NY/T 2890—2016		稻米中 γ-氨基丁酸的测定　高效液相色谱法	云南省农业科学院质量标准与检测技术研究所、农业部农产品质量监督检验测试中心（昆明）	汪禄祥、黎其万、邵金良、刘兴勇、王丽、刘宏程、杨东顺、樊建麟	本标准规定了稻米中 γ-氨基丁酸含量的高效液相色谱测定方法。 本标准适用于稻米中 γ-氨基丁酸含量的测定。

（续）

标准号	替代标准	标准名称	起草单位	主要起草人	范围
NY/T 2914—2016		黄淮冬麦区小麦栽培技术规程	中国农业科学院作物科学研究所	赵广才、常旭虹、王德梅、杨玉双、陶志强、马少康、邹亚飞、查静、丁玉萍、杨万深	本标准规定了黄淮冬麦区小麦栽培的技术条件、适用的小麦品种类型、主要生育指标和农艺措施。 本标准适用于黄淮冬麦区有灌溉条件的小麦生产区。
NY/T 3031—2016		棉花小麦套种技术规程	中国农业科学院棉花研究所、安徽中棉种业长江有限责任公司	王延琴、杨伟华、周大云、匡猛、方丹、马磊、蔡忠民、周关印、许红霞、冯新爱	本标准规定了棉花与小麦套种生产的品种选择、种子质量和栽培技术等要求。 本标准适用于黄淮海地区棉花与小麦套种生产方式。
NY/T 3044—2016		蜜蜂授粉技术规程　油菜	中国农业科学院蜜蜂研究所	黄家兴、吴杰、安建东、李继莲、罗术东、张红	本标准规定了油菜蜜蜂授粉的术语、授粉蜂群的组织、蜂群入场时间、蜂群的配置、授粉期蜂群管理等技术规程。 本标准适用于大田油菜西方蜜蜂授粉。

1.5 经济作物及产品

标准号	替代标准	标准名称	起草单位	主要起草人	范围
NY/T 2913—2016		北方旱寒区白菜型冬油菜栽培技术规程	全国农业技术推广服务中心、甘肃农业大学、天水市农业科学研究所、甘肃省农业技术推广总站、甘肃省种子管理站、西北农林科技大学、宁夏农林科学院、新疆农业科学院、北京市农业技术推广站、西藏自治区农牧科学院、内蒙古自治区农牧业科学院、河西学院、张掖市农业科学院、酒泉市农业科学院、酒泉职业技术学院	孙万仓、王积军、刘自刚、张长生、陈其鲜、武军艳、方彦、李学才、雷建明、李城德、李强、周吉红、徐爱遐、许志斌、曾秀存、张亚宏、张建学、张岩、赵彩霞、尼玛卓玛、刘秦、缪崇庆、贾玉娟、杨仁义、邵志壮	本标准规定了北方旱寒区白菜型冬油菜栽培相关术语和定义。 本标准适用于北方旱寒区白菜型冬油菜栽培产地环境条件、品种选择、种子质量和种子处理、壮苗指标、产量指标、播种方式、田间管理、病虫害防治、收获与储藏等方面的技术要求。 本标准适用于北方旱寒区白菜型冬油菜栽培。
NY/T 2947—2016		枸杞中甜菜碱含量的测定 高效液相色谱法	农业部枸杞产品质量监督检验测试中心	王晓菁、牛艳、吴艳、姜瑞、张锋锋	本标准规定了枸杞中甜菜碱的测定方法。 本标准适用于枸杞中甜菜碱含量的测定。

（续）

标准号	替代标准	标准名称	起草单位	主要起草人	范　　围
NY/T 2991—2016		农机农艺结合生产技术规程　甘蔗	福建农林大学、广西壮族自治区农业机械化技术推广总站、广东湛江农垦局、广西柳州汉森机械制造有限公司、云南省农业科学院甘蔗研究所、农业部甘蔗及制品质量监督检验测试中心	张华、陈世凡、陈超平、郭家文、陈特青、罗俊、李建茂、何波涛、袁照年、高三基、邓祖湖、徐良年、林兆里、黄潮华、吴晓莲	本标准规定了机械化蔗园选择、土地整理、联合播种、田间管理、联合收获及宿根管理等关键环节机械化作业规范及配套的农艺技术要求。 本标准适用于应用中大型甘蔗生产机械装备进行全程机械化作业的或蔗园。
NY/T 3027—2016		甜菜纸筒育苗生产技术规程	中国农业科学院甜菜研究所、农业部甜菜品质监督检验测试中心、农业部糖料产品质量安全风险评估试验室（哈尔滨）	张福顺、吴玉梅、刘乃新、杨骥、韩秉进、张惠忠、李承业、林柏森	本标准规定了甜菜纸筒育苗的基础条件和生产技术规程。 本标准适用于甜菜的纸筒育苗生产。
NY/T 3028—2016		梨高接换种技术规程	中国农业科学院果树研究所、农业部果品及苗木质量监督检验测试中心（兴城）、辽宁省果蚕管理总站	李志霞、聂继云、宋国柱、宣景宏、闫震、李静、匡立学	本标准规定了高接前准备、高接、高接后管理和记录。 本标准适用于以品种更新为目的的梨高接换种。

（续）

标准号	替代标准	标准名称	起草单位	主要起草人	范　　围
NY/T 3029—2016		大蒜良好农业操作规程	山东省农业科学院蔬菜花卉研究所	孔素萍、张卫华、刘波、陈伟、霍雨猛、杨妍妍、刘冰江、高莉敏、缪军	本标准规定了大蒜种植过程中组织管理、质量安全管理、种植规范、病虫害防治技术和产品采后处理的基本要求。 本标准适用于大蒜生产。
NY/T 3030—2016		棉花中水溶性总糖含量的测定　蒽酮比色法	中国农业科学院棉花研究所、安徽中棉种业长江有限责任公司、新疆图木舒克质量技术监督局	王延琴、杨伟华、唐淑荣、周大云、匡猛、马磊、蔡忠民、王星军、孟俊婷、方丹、韦京艳、徐双娇、周关印	本标准规定了棉花中水溶性总糖含量测定的蒽酮比色法。 本标准适用于棉花中水溶性总糖含量的测定。
NY/T 3033—2016		农产品等级规格　蓝莓	浙江省农业科学院农产品质量标准研究所、农业部科技发展中心、中国计量大学、杭州睦山农实业投资有限公司、上虞鑫和生态农业综合开发有限公司、吉林农业大学	郑蔚然、徐学万、刘欣、王强、李亚东、张志恒、邹荣仟、鲁宝君、倪鑫太、李真	本标准规定了鲜食蓝莓等级规格的要求、评定方法、包装和标识。 本标准适用于鲜食蓝莓的等级规格。

（续）

标准号	替代标准	标准名称	起草单位	主要起草人	范　　围
NY/T 3045—2016		设施番茄熊蜂授粉技术规程	中国农业科学院蜜蜂研究所	李继莲、安建东、吴杰、黄家兴、郭军、张红	本标准规定了设施番茄熊蜂授粉蜂群准备、蜂群运输及授粉期管理的基本原则和技术方法。 本标准适用于设施番茄生产中使用熊蜂授粉。
NY/T 3046—2016		设施桃蜂授粉技术规程	中国农业科学院蜜蜂研究所	李继莲、安建东、吴杰、黄家兴、郭军、张红	本标准规定了设施桃授粉蜂群的准备、蜂群运输、授粉期间蜂群管理的基本原则和技术方法。 本标准适用于设施桃生产中使用蜂授粉。

2 畜牧兽医

2.1 动物检疫、兽医与疫病防治、畜禽场环境

标准号	替代标准	标准名称	起草单位	主要起草人	范围
NY/T 473—2016	NY/T 473—2001，NY/T 1892—2010	绿色食品 畜禽卫生防疫准则	农业部动物及动物产品卫生质量监督检验测试中心、中国绿色食品发展中心、天津农学院、青岛农业大学、黑龙江五方种猪场	赵思俊、王玉东、宋建德、张志华、张启迪、李雪莲、曹旭敏、陈倩、王恒强、曲志娜、王娟、李存、洪军、王君玮	本标准规定了绿色食品畜禽饲养场、屠宰场的动物卫生防疫要求。 本标准适用于绿色食品畜禽饲养、屠宰。
NY/T 541—2016	NY/T 541—2002	兽医诊断样品采集、保存与运输技术规范	中国动物卫生与流行病学中心、青岛农业大学	曲志娜、刘焕奇、孙淑芳、赵民俊、姜雯、王娟、曹旭敏、宁时萍	本标准规定了兽医诊断用样品的采集、保存与运输的技术规范和要求，包括采样基本原则、采样前准备、样品采集与处理方法、样品保存包装与废弃物处理、采样记录和样品运输等。 本标准适用于兽医诊断、疫情监测、畜禽疫病防控和免疫效果评估及卫生认证等动物疫病实验室样品的采集、保存和运输。

（续）

标准号	替代标准	标准名称	起草单位	主要起草人	范　围
NY/T 563—2016	NY/T 563—2002	禽霍乱（禽巴氏杆菌病）诊断技术	中国农业科学院哈尔滨兽医研究所	曲连东、郭东春、刘家森、姜骞、刘培欣	本标准规定了禽霍乱的临床诊断和实验室诊断（病原分离鉴定、琼脂扩散试验、PCR 检测方法和荚膜多重 PCR 检测方法）的技术要求。 本标准所规定的临床诊断、病理剖检和病原分离鉴定，适用于禽霍乱的诊断；多杀性巴氏杆菌 PCR 适用于多杀性巴氏杆菌种的鉴定；荚膜多重 PCR 适用于多杀性巴氏杆菌荚膜血清型的鉴定。
NY/T 564—2016	NY/T 564—2002	猪巴氏杆菌病诊断技术	中国兽医药品监察所	蒋玉文、张媛、李建、李伟杰、魏财文	本标准规定了猪巴氏杆菌病诊断的技术要求。 本标准所规定的临床诊断、病理剖检和病原分离鉴定，适用于猪巴氏杆菌病的诊断。定种 PCR 适用于多杀性巴氏杆菌种的鉴定；间接血凝试验、荚膜定型多重 PCR 适用于多杀性巴氏杆菌荚膜血清型的鉴定；琼脂扩散沉淀试验适用于多杀性巴氏杆菌菌体血清型的鉴定。

（续）

标准号	替代标准	标准名称	起草单位	主要起草人	范　　围
NY/T 572—2016	NY/T 572—2002	兔病毒性出血病血凝和血凝抑制试验方法	江苏省农业科学院兽医研究所、中国动物卫生与流行病学中心	王芳、魏后军、宋艳华、范志宇、胡波、魏荣、孙映雪、徐为中	本标准规定了兔病毒性出血病病毒血凝和血凝抑制试验方法的技术要求。 本标准适用于兔病毒性出血病病毒的鉴定和抗体检测。
NY/T 1620—2016	NY/T 1620—2008	种鸡场动物卫生规范	中国动物疫病预防控制中心	宋晓晖、李秀峰、张银田、吴威、李琦	本标准规定了种鸡饲养场的选址和布局、设施设备、动物防疫、投入品控制、内部管理以及鸡只福利等要求。 本标准适用于种鸡饲养场的动物卫生控制。
NY/T 2957—2016		畜禽批发市场兽医卫生规范	中国动物疫病预防控制中心	刘兴国、赵婷、张杰、张志远、关婕葳、庄玉珍、赵俭波、邴国霞、王赫、孙杰、董瑞鹏、寇占英、王瑞红、姚强	本标准规定了畜禽批发市场的布局、设施设备、清洗消毒、应急处置等所应遵循的动物卫生要求。 本标准适用于专营或兼营猪、牛、羊、马属动物等家畜和鸡、鸭、鹅、鸽等家禽的批发市场。

（续）

标准号	替代标准	标准名称	起草单位	主要起草人	范　围
NY/T 2959—2016		兔波氏杆菌病诊断技术	中国动物疫病预防控制中心、西北农林科技大学	王娟、赵思俊、郑增忍、曲志娜、张彦明、王玉东、张耀相	本标准规定了兔波氏杆菌病的微生物学诊断、玻片凝集试验等技术要求。 本标准适用于兔波氏杆菌病的诊断、检疫及流行病学调查。
NY/T 2960—2016		兔病毒性出血病病毒 RT-PCR 检测方法	中国动物疫病预防控制中心、江苏省农业科学院兽医研究所、河南牧业经济学院	邵卫星、王芳、魏荣、胡波、徐耀辉、魏后军、孙映雪、李卫华	本标准规定了检测兔病毒性出血病毒 RT-PCR 检测方法的技术要求。 本标准适用于检测疑似兔病毒性出血病肝脏、脾脏、肺脏等脏器及鼻腔分泌物的兔病毒性出血病病毒核酸。
NY/T 2961—2016		兽医实验室质量和技术要求	中国动物卫生与流行病学中心、中国动物疫病预防控制中心	王君玮、李文京、张维、刘伟、王娟、邵卫星、魏荣、洪军、宋时萍、赵格	本标准规定了兽医实验室的质量管理和技术控制要求。 本标准适用于从事动物疫病检测、监测、诊断和研究活动的兽医服务机构。

（续）

标准号	替代标准	标准名称	起草单位	主要起草人	范　　围
NY/T 2962—2016		奶牛乳房炎乳汁中金黄色葡萄球菌、凝固酶阴性葡萄球菌、无乳链球菌分离鉴定方法	中国农业科学院兰州畜牧与兽药研究所	王旭荣、李宏胜、李建喜、杨峰、王学智、张志栋、李新圃、杨志强、王磊、罗金印	本标准规定了奶牛乳房炎乳汁中病原性金黄色葡萄球菌、凝固酶阴性葡萄球菌、无乳链球菌的分离和鉴定方法。 本标准适用于奶牛乳房炎（临床型乳房炎和隐性乳房炎）的病原菌诊断，所分离的病原菌进一步开展药物敏感性检测，为奶牛乳房炎的治疗措施提供依据。
NY/T 2967—2016	NYJ/T 01—2005	种牛场建设标准	中国农业科学院北京畜牧兽医研究所	高雪、李俊雅、高会江、张路培、陈燕	本标准规定了种牛场建设的建设规模与项目构成、选址与建设条件、工艺与设备、场区规划布局、建筑与结构、配套工程、粪污无害化处理、防疫设施和主要技术经济指标。 本标准适用于农区、半农区牧区舍饲、半舍饲模式下，种牛场（站）的建设。
NY/T 2968—2016	NYJ/T 03—2005	种猪场建设标准	农业部规划设计研究院	耿如林、穆钰、张庆东、曹楠、陈林、邹永杰、张秋生	本标准适用于种猪场新建工程，改（扩）建工程可参照执行。本建设标准不适用于无特定病原体（SPF）猪场。

（续）

标准号	替代标准	标准名称	起草单位	主要起草人	范　围
NY/T 2969—2016	NYJ/T 05—2005	集约化养鸡场建设标准	农业部规划设计研究院	耿如林、穆钰、曹楠、张庆东、陈林、邹永杰、张秋生	本标准适用于集约化商品代肉鸡场和蛋鸡场新建工程，改（扩）建的工程可参照执行。
NY/T 2971—2016		家畜资源保护区建设标准	全国畜牧总站、农业部规划设计研究院	郑友民、耿如林、杨红杰、穆钰、薛明、于福清、张庆东	本标准规定了家畜资源保护区建设的一般规定、建设规模与项目构成、场址选择与建设条件、工艺与设备、建设用地与规划布局、建筑工程及附属设施、防疫设施、无害化处理和主要技术经济指标。 本标准适用于已由国家级或省级畜牧兽医行政主管部门认定的猪、牛、羊、马、驴、驼等家畜资源保护区的新建、改建与扩建工程。
NY/T 3023—2016		畜禽粪污处理场建设标准	农业部规划设计研究院	赵立欣、罗娟、董保成、陈羚、宋成军、齐岳、王骥、万小春、李小刚	本标准规定了以畜禽养殖场（含养殖小区）粪污处理场建设的基本要求，包括建设规模与项目构成、选址与建设条件、工艺与设备、建设用地与规划布局、建筑工程及附属设施、节能节水与环境保护、安全与卫生、投资估算与劳动定员等。 本标准适用于不少于50头猪单位畜禽养殖场（含养殖小区）新建、扩建或改建粪污处理场的建设。

（续）

标准号	替代标准	标准名称	起草单位	主要起草人	范　　围
NY/T 3071—2016		家禽性能测定中心建设标准 鸡	江苏省家禽科学研究所、农业部家禽品质监督检验测试中心（扬州）	高玉时、邹剑敏、陆俊贤、唐修君、贾晓旭、陈大伟、金波、赵东伟、张小燕、贾雪波、顾荣	本标准规定了家禽性能测定中心（鸡）的建设规模与项目构成、建设原则、项目选址与建设条件、饲养测定工艺与设备、建设用地与规划布局、建筑工程及附属设施、防疫隔离设施、废弃物处理、环境保护和主要技术经济指标等。 本标准适用于每年测定鸡品种、品系或配套系 50 个以上的家禽性能测定中心的建设，年测定能力小于 50 个鸡品种、品系或配套系的测定机构建设可参照执行。
NY/T 5030—2016	NY/T 5138—2002，NY/T 5030—2006	无公害农产品兽药使用准则	中国兽医药品监察所、农业部农产品质量安全中心、中国农业科学院蜜蜂研究所	汪霞、高光、梁先明、廖超子、吴黎明、孙雷、徐倩、刘艳华	本标准规定了兽药的术语和定义、使用要求、使用记录和不良反应报告。 本标准适用于无公害农产品（畜禽产品、蜂蜜）的生产、管理和认证。

2.2 兽药、畜牧兽医用机械

2.3 屠宰加工

2.4 畜禽及其产品

标准号	替代标准	标准名称	起草单位	主要起草人	范　围
NY/T 638—2016	NY/T 638—2002	蜂王浆生产技术规范	中国农业科学院蜜蜂研究所、中国养蜂学会	何薇莉、韩胜明、陈黎红、谢文闻、杨磊、刘建平	本标准规定了蜂王浆生产环境和生产场地要求，生产的条件，生产蜂群的管理，蜂场、蜂机具和蜂王浆生产工具的卫生消毒，生产的工序，记录和标识，包装、储存和运输等内容。 本标准适用于蜂王浆的生产。
NY/T 939—2016	NY/T 939—2005	巴氏杀菌乳和UHT灭菌乳中复原乳的鉴定	中国农业科学院北京畜牧兽医研究所、农业部奶产品质量安全风险评估实验室（北京）、农业部奶及奶制品质量监督检验测试中心（北京）	郑楠、文芳、王加启、李松励、张养东、赵圣国、李明、杨晋辉、陈冲冲、王晓晴、陈美霞、汪慧、兰欣怡、黄萌萌、卜登攀、魏宏阳、李树聪、于建国、周凌云	本标准规定了巴氏杀菌乳和UHT灭菌乳中复原乳的鉴定方法。 本标准适用于巴氏杀菌乳和UHT灭菌乳。

（续）

标准号	替代标准	标准名称	起草单位	主要起草人	范　　围
NY/T 2893—2016		绒山羊饲养管理技术规范	辽宁省畜牧科学研究院	张世伟、杨术环、宋先忱、刘兴伟、张晓鹰、周孝峰、杨秋凤	本标准规定了绒山羊饲养管理基本要求、各类羊群管理、梳剪绒操作、日常管理等技术内容。 本标准适用于绒山羊饲养管理。
NY/T 2894—2016		猪活体背膘厚和眼肌面积的测定　B型超声波法	华中农业大学、农业部种猪质量监督检验测试中心（武汉）、农业部种猪质量监督检验测试中心（重庆）、上海市畜牧技术推广中心、农业部种猪质量监督检验测试中心（广州）、山东省种猪生产性能测定站、河北省种猪生产性能测定站	倪德斌、刘望宏、吴昊旻、胡军勇、陈主平、陆雪林、陈迎丰、刘展生、倪俊卿、王可甜、刘建营、闫先峰、王贵江、陈四清	本标准规定了用B型超声设备测定猪活体背膘厚和眼肌面积的方法。 本标准适用于瘦肉型猪，其他经济类型猪可参照使用。
NY/T 2956—2016		民猪	东北农业大学、兰西县种猪场、辽宁省家畜家禽遗传资源保存利用中心、全国畜牧总站	王希彪、崔世泉、王亚波、宋恒元、狄生伟、蔡建成、薛明、杨渊	本标准规定了民猪的体型外貌、生产性能、测定方法、种猪合格评定与出场条件等。 本标准适用于民猪品种的鉴别。

（续）

标准号	替代标准	标准名称	起草单位	主要起草人	范　　围
NY/T 2958—2016		生猪及产品追溯关键指标规范	中国动物疫病预防控制中心	朱长光、李扬、杨龙波、王芳	本标准规定了生猪及产品生产全过程中，与场所、标识、免疫、投入品、动物疫病、药物残留、肉品品质和移动轨迹有关的卫生质量控制关键追溯指标的基本要求。 本标准适用于从事生猪养殖、交易、屠宰的单位和个人。
NY/T 2993—2016		陆川猪	南京农业大学、全国畜牧总站、陆川县水产畜牧兽医局、广西大学、广西神农王农牧食品集团有限公司、广西陆川县良种猪场、广西扬翔股份有限公司	黄瑞华、薛明、江永强、丘毅、何若钢、黄俊荣、陈琨飞、梁文全、陈清森、牛清、汪涵、周波、杨渊	本标准规定了陆川猪的中心产区与分布、体型外貌、生长发育、繁殖性能、胴体性状、种猪合格判定和种猪出场条件等。 本标准适用于陆川猪的品种鉴别。
NY/T 2995—2016		家畜遗传资源濒危等级评定	中国农业科学院北京畜牧兽医研究所	何晓红、马月辉、关伟军、李向臣、赵倩君、浦亚斌、付宝玲	本标准规定了活体家畜遗传资源濒危等级的划分与评定，以及各濒危等级的群体数量范围。 本标准适用于猪、山羊、绵羊、黄牛、水牛、牦牛、马、驴、骆驼等畜种。

（续）

标准号	替代标准	标准名称	起草单位	主要起草人	范　　围
NY/T 2996—2016		家禽遗传资源濒危等级评定	中国农业科学院北京畜牧兽医研究所	关伟军、马月辉、何晓红、赵倩君、浦亚斌、李向臣、付宝玲	本标准规定了活体家禽遗传资源濒危等级的划分与评定，以及各濒危等级的群体数量范围。 本标准适用于鸡、鸭、鹅等家禽资源。
NY/T 3047—2016		北极狐皮、水貂皮、貉皮、獭兔皮鉴别　显微镜法	农业部动物毛皮及制品质量监督检验测试中心（兰州）、中国农业科学院兰州畜牧与兽医研究所	高雅琴、王宏博、李维红、郭天芬、席斌、杜天庆、梁丽娜、常玉兰、牛春娥、熊琳	本标准规定了应用显微镜鉴别北极狐皮、水貂皮、貉皮、獭兔皮的方法。 本标准适用于北极狐皮、水貂皮、貉皮、獭兔皮的鉴别。
NY/T 3048—2016		发酵床养猪技术规程	山东省畜牧总站、山东省农业科学院畜牧兽医研究所、山东明发兽药股份有限公司、山东农业大学	曲绪仙、周开锋、盛清凯、刘照云、武英、林海、杨景晁、焦洪超、冯楠、李守远、谭善杰、崔超、韩丽娟	本标准规定了发酵床养猪技术的垫料原料质量、发酵床制作、发酵床管理、饲养管理、猪舍建筑。 本标准适用于保育仔猪、生长育肥猪生产。

（续）

标准号	替代标准	标准名称	起草单位	主要起草人	范　围
NY/T 3050—2016		羊奶真实性鉴定技术规程	中国农业科学院北京畜牧兽医研究所、农业部奶产品质量安全风险评估实验室（北京）、青岛农业大学、安徽农业大学、安徽省农业科学院畜牧兽医研究所	郑楠、屈雪寅、杨晋辉、杨永新、胡菡、周雪巍、李松励、叶巧燕、于建国、文芳、许晓敏、韩荣伟、张养东、程建波、王加启	本标准规定了聚合酶链式反应（PCR）方法、二维凝胶电泳（2-DE）法及酶联免疫吸附（ELISA）法，对生羊奶、超高温灭菌（UHT）液态羊奶和羊奶粉中掺入牛源性奶成分的定性检测方法。 本标准第一法和第二法适用于生羊奶、UHT 灭菌液态羊奶及羊奶粉；第三法适用于生羊奶。
NY/T 3051—2016		生乳安全指标监测前样品处理规范	中国农业科学院北京畜牧兽医研究所、农业部奶产品质量安全风险评估实验室（北京）、青岛农业大学、农业部乳品质量监督检验测试中心（北京）、安徽农业大学、安徽省农业科学院畜牧兽医研究所	郑楠、文芳、李松励、张养东、李长浩、叶巧燕、杨晋辉、王晓晴、屈雪寅、许晓敏、韩荣伟、程建波、杨永新、乔绿、王加启	本标准规定了生乳安全指标的术语和定义以及样品处理。 本标准适用于生乳中污染物（铅、汞、砷、铬、亚硝酸盐）、真菌毒素（黄曲霉毒素 M_1）、违禁添加物（三聚氰胺、碱类物质、硫氰酸钠、革皮水解物、β-内酰胺酶）和菌落总数 4 类安全指标在采样后、检测前的样品处理。
NY/T 3052—2016		舍饲肉羊饲养管理技术规范	中国农业科学院饲料研究所	刁其玉、马涛、屠焰、柴建民、王世琴、张乃锋、司丙文、聂明非	本标准规定了舍饲肉羊的饲料及饲料配制、饲养管理及其他管理等环节的技术要求。 本标准适用于肉用绵羊、山羊的舍饲饲养。

（续）

标准号	替代标准	标准名称	起草单位	主要起草人	范　　围
NY/T 3053—2016		天府肉猪	四川农业大学、四川铁骑力士牧业科技有限公司、全国畜牧总站、四川省畜牧总站	李学伟、姜延志、朱砺、唐国庆、李明洲、帅素容、冯光德、陈方琴、郑德兴、于福清、赵小丽、刁运华、曾仰双	本标准规定了天府肉猪配套系种猪的外貌特征、生产性能、种用价值评定和出场要求，以及商品猪的外貌特征和生产性能。 本标准适用于天府肉猪配套系种猪和商品猪的评定、生产和销售。

2.5　畜禽饲料与添加剂

标准号	替代标准	标准名称	起草单位	主要起草人	范　　围
NY/T 2891—2016		禾本科草种子生产技术规程　老芒麦和披碱草	中国农业大学、四川省草原科学研究院、青海省畜牧兽医科学院、河北省承德市国营鱼儿山牧场	毛培胜、孙彦、王显国、王赟文、黄莺、游明鸿、刘文辉、孙瑞臣	本标准规定了老芒麦、披碱草种子生产中对环境条件、土地整理和播种材料的要求，以及播种、田间管理、收获、清选、分级和包装的生产与技术。 本标准适用于老芒麦和披碱草的种子生产。
NY/T 2892—2016		禾本科草种子生产技术规程　多花黑麦草	中国农业大学、四川农业大学、江苏省农业科学院、江苏省盐城市每缘种业有限公司、兰州大学、河北省农林科学院	王显国、毛培胜、张新全、顾洪如、孙彦、杨和宏、韩云华、刘忠宽、黄琳凯、李曼莉、宁亚明、黄莺、吴菲菲	本标准规定了多花黑麦草种子生产对环境条件、种子田建植、田间管理、收获与加工、种子包装的技术要求。 本标准适用于多花黑麦草种子生产。

（续）

标准号	替代标准	标准名称	起草单位	主要起草人	范　围
NY/T 2895—2016		饲料中叶酸的测定　高效液相色谱法	北京市饲料监察所	冯秀燕、杨宝良、魏秀莲、徐理奇、丁美方、郑君杰、方芳、刘钧、王继彤、张亚君、吴翠玲、贾涛、孙志伟、裘燕、吕宝苹、卢春香、娄迎霞、姚婷	本标准规定了饲料中叶酸含量测定的高效液相色谱方法。 本标准适用于配合饲料、浓缩饲料、添加剂预混合饲料（反刍动物饲料除外）中叶酸的测定。
NY/T 2896—2016		饲料中斑蝥黄的测定　高效液相色谱法	华中农业大学、广州汇际检测技术中心、广州立达尔生物科技有限公司、帝斯曼（中国）有限公司	齐德生、张妮娅、陈雷、高思	本标准规定了饲料中斑蝥黄测定的高效液相色谱方法。 本标准适用于预混合饲料、浓缩饲料及配合饲料中斑蝥黄的测定。
NY/T 2897—2016		饲料中β-阿朴-8'-胡萝卜素醛的测定　高效液相色谱法	华中农业大学、广州汇际检测技术中心、广州立达尔生物科技有限公司、帝斯曼（中国）有限公司	张妮娅、齐德生、陈雷、高思	本标准规定了饲料中β-阿朴-8'-胡萝卜素醛的高效液相色谱方法。 本标准适用于添加剂预混合饲料、浓缩饲料及配合饲料中β-阿朴-8'-胡萝卜素醛的测定。
NY/T 2898—2016		饲料中串珠镰刀菌素的测定　高效液相色谱法	华中农业大学	齐德生、张妮娅、陈雷、高思	本标准规定了饲料中串珠镰刀菌素的高效液相色谱测定法。 本标准适用于谷物及其加工副产品、配合饲料、浓缩饲料和精料补充料中串珠镰刀菌素的测定。

（续）

标准号	替代标准	标准名称	起草单位	主要起草人	范　　围
NY/T 2997—2016		草地分类	全国畜牧总站、农业部畜牧业司、农业部草原监理中心、中国农业科学院草原研究所、甘肃省草原技术推广总站、内蒙古草原勘查设计研究院、新疆维吾尔自治区草原站、黑龙江省草原工作站	贠旭江、董永平、李维薇、杨智、王加亭、尹晓飞、赵恩泽、李鹏、孙斌、毕力格·吉夫、张洪江、刘昭明	本标准规定了草地类型的划分。 本标准适用于草地资源与生态状况调查、监测、评价和统计中的草地类别划分。
NY/T 2998—2016		草地资源调查技术规程	全国畜牧总站、黑龙江省草原工作站、内蒙古草原勘查设计研究院	贠旭江、董永平、尹晓飞、刘昭明、王加亭、赵恩泽、刘杰、郑淑华	本标准规定了草地资源调查的任务、内容、指标、流程和方法等。 本标准适用于县级以上范围草地资源调查。
NY/T 2999—2016		羔羊代乳料	中国农业科学院饲料研究所	刁其玉、屠焰、马涛、柴建民、王世琴、张乃锋、司丙文、聂明非	本标准规定了羔羊代乳料（又称羔羊代乳粉）的要求、试验方法、检验规则及产品的标签、包装、运输和储存要求。 本标准适用于以乳制品、植物性原料为主，添加维生素、氨基酸、矿物元素，经加工制成的用作羔羊母乳替代品的羔羊代乳料。

（续）

标准号	替代标准	标准名称	起草单位	主要起草人	范　　围
NY/T 3001—2016		饲料中氨基酸的测定　毛细管电泳法	中国农业科学院农业质量标准与检测技术研究所［国家饲料质量监督检验中心（北京）］	李丽蓓、冯忠华、王彤、饶正华、崔昂、魏书林、张苏、严明、严寒、唐健、田静、刘晓露	本标准规定了饲料中氨基酸测定的毛细管电泳法。 本标准适用于配合饲料、浓缩饲料、添加剂预混合饲料和饲料原料中氨基酸含量的测定。可测定的氨基酸各类包括胱氨酸、赖氨酸、精氨酸、天门冬氨酸、谷氨酸、组氨酸、脯氨酸、苏氨酸、丝氨酸、甘氨酸、丙氨酸、缬氨酸、亮氨酸与异亮氨酸之和、酪氨酸和苯丙氨酸的测定，不适用于蛋氨酸和色氨酸含量的测定。
NY/T 3002—2016		饲料中动物源性成分检测　显微镜法	中国农业大学	刘贤、杨增玲、韩鲁佳、陈龙健、黄光群、肖卫华、姜训鹏、吕程序	本标准规定了饲料中动物源性成分的显微镜检测方法。 本标准适用于饲料原料以及畜禽饲料中陆生动物肉骨粉和鱼粉的显微镜定性检测。
NY/T 3049—2016		奶牛全混合日粮生产技术规程	中国农业科学院北京畜牧兽医研究所	卜登攀、赵勐、赵青余、周小乔、马露、张养东、王加启	本标准规定了奶牛全混合日粮搅拌机、饲料原料选择、TMR配制、质量控制、饲喂管理效果评价方面的要求。 本标准适用于奶牛TMR的生产和使用。

（续）

标准号	替代标准	标准名称	起草单位	主要起草人	范　　围
农业部 2483 号公告—1—2016		饲料中炔雌醚的测定　高效液相色谱法	农业部饲料质量监督检验测试中心（济南）	宫玲玲、李会荣、张芸、战余铭、李斌、张玮、李祥明	本标准规定了饲料中炔雌醚含量测定的高效液相色谱法。 本标准适用于配合饲料、浓缩饲料、精料补充料和添加剂预混合饲料中炔雌醚的测定。
农业部 2483 号公告—2—2016		饲料中苯巴比妥钠的测定　高效液相色谱法	农业部饲料质量监督检验测试中心（济南）	李俊玲、张芸、赵学峰、李宏、孙延军、李斌	本标准规定了饲料中苯巴比妥钠含量测定的高效液相色谱法。 本标准适用于配合饲料、浓缩饲料、精料补充料和添加剂预混合饲料中苯巴比妥钠的测定。
农业部 2483 号公告—3—2016		饲料中炔雌醚的测定　液相色谱-串联质谱法	农业部饲料质量监督检验测试中心（济南）	李会荣、李宏、杨智国、宫玲玲、朱良智、李祥明	本标准规定了饲料中炔雌醚含量测定的液相色谱-串联质谱法。 本标准适用于配合饲料、浓缩饲料、精料补充料和添加剂预混合饲料中炔雌醚的测定。
农业部 2483 号公告—4—2016		饲料中苯巴比妥钠的测定　液相色谱-串联质谱法	农业部饲料质量监督检验测试中心（济南）	张芸、李俊玲、孙延军、赵学峰、杨智国、朱良智	本标准规定了饲料中苯巴比妥钠含量测定的液相色谱-串联质谱法。 本标准适用于配合饲料、浓缩饲料、精料补充料和添加剂预混合饲料中苯巴比妥钠的测定。

（续）

标准号	替代标准	标准名称	起草单位	主要起草人	范　围
农业部2483号公告—5—2016		饲料中牛磺酸的测定　高效液相色谱法	农业部饲料质量监督检验测试中心（济南）、全国畜牧总站	武玉波、强莉、李俊玲、李桂华、杨智国、李祥明	本标准规定了饲料中牛磺酸含量测定的高效液相色谱法。 本标准适用于配合饲料、浓缩饲料、精料补充料和添加剂预混合饲料中牛磺酸的测定。
农业部2483号公告—6—2016		饲料中金刚烷胺和金刚乙胺的测定　液相色谱-串联质谱法	中国农业科学院农业质量标准与检测技术研究所	邱静、李丹、贾琪、范理	本标准规定了饲料中金刚烷胺和金刚乙胺含量测定的液相色谱-串联质谱法。 本标准适用于配合饲料、浓缩饲料、精料补充料和添加剂预混合饲料中金刚烷胺和金刚乙胺的测定。
农业部2483号公告—7—2016		饲料中甲硝唑、地美硝唑和异丙硝唑的测定　高效液相色谱法	南京农业大学动物医学院	余祖功、王延映、罗小清、彭麟	本标准规定了饲料中甲硝唑、地美硝唑和异丙硝唑含量测定的高效液相色谱法。 本标准适用于配合饲料、浓缩饲料、精料补充料和添加剂预混合饲料中甲硝唑、地美硝唑和异丙硝唑的测定。
农业部2483号公告—8—2016		饲料中氯霉素、甲枫霉素和氟苯尼考的测定　液相色谱-串联质谱法	南京农业大学动物医学院、天津市兽药饲料监察所	江善祥、张伟、彭麟、陈小秋	本标准规定了饲料中氯霉素、甲枫霉素和氟苯尼考含量测定的液相色谱-串联质谱法。 本标准适用于配合饲料、浓缩饲料、添加剂预混合饲料及水产饲料中氯霉素、甲枫霉素和氟苯尼考的测定。

3 渔业

3.1 水产养殖

标准号	替代标准	标准名称	起草单位	主要起草人	范围
SC/T 4025—2016		养殖网箱浮架高密度聚乙烯管	中国水产科学研究院东海水产研究所、湛江海宝渔具发展有限公司、威海好运通网具科技有限公司	汤振明、庄建、张孝先、石建高、陈晓雪	本标准规定了用高密度聚乙烯管制作的养殖网箱浮架的规格及材料、技术要求、试验和检验方法、检验规则、标志、包装、运输、储存。 本标准适用于以高密度聚乙烯管村、高密度聚乙烯支架和其他连接件经热熔焊接、结构限位等组装而成的养殖网箱浮架。
SC/T 4030—2016		高密度聚乙烯框架铜合金网衣网箱通用技术条件	中国水产科学研究院东海水产研究所、国际铜业协会、威海好运通网具科技有限公司、台州市大陈岛养殖有限公司、威海正明海洋科技开发有限公司、大连天正集团、三沙蓝海海洋工	石建高、王鲁民、高屹峰、刘永利、黄艇、张元锐、俞淳、刘圣聪、姜泽明、马宗理、孟祥君、王磊、钟文珠、曹文英、魏平、李普友、余雯雯、陈晓雪、张孝先	本标准规定了高密度聚乙烯框架铜合金网衣网箱的术语和定义、标记、技术要求、试验方法、检验规则、标志、标签、包装、运输及储存。 本标准适用于框架采用高密度聚乙烯管、箱体全部或部分采用铜合金斜方网材料制成的高密度聚乙烯框架铜合金网衣网箱。

（续）

标准号	替代标准	标准名称	起草单位	主要起草人	范　围
SC/T 4030—2016			程有限公司、海安中余渔具有限公司、浙江海味鲜海洋科技发展有限公司、山东爱地高分子材料有限公司、中国水产科学研究院渔业机械食品研究所		
SC/T 5704—2016		金鱼分级　蝶尾	中国水产科学研究院珠江水产研究所	罗建仁、汪学杰、宋红梅、牟希东、刘超、刘奕、顾党恩、杨叶欣、罗渡、徐猛、胡隐昌	本标准规定了金鱼中蝶尾类的分级技术要求。 本标准适用于蝶尾类金鱼的分级及检验。
SC/T 5705—2016		金鱼分级　龙睛	中国水产科学研究院珠江水产研究所	汪学杰、宋红梅、胡隐昌、刘奕、牟希东、顾党恩、刘超、杨叶欣、罗渡、徐猛、罗建仁	本标准规定了金鱼龙睛类的分级技术要求。 本标准适用于金鱼龙睛类的分级及检验。
SC/T 9424—2016		水生生物增殖放流技术规范　许氏平鲉	中国海洋大学	张秀梅、高天翔、李文涛、佟飞、吕红健、张辉、席丹	本标准规定了许氏平鲉增殖放流的海域条件、本底调查、物种质量、检验、小规格苗种包装、苗种计数、小规格苗种运输、苗种投放、放流资源保护与监测以及效果评价等技术要点。 本标准适用于许氏平鲉的增殖放流。

（续）

标准号	替代标准	标准名称	起草单位	主要起草人	范　　围
SC/T 9425—2016		海水滩涂贝类增养殖环境特征污染物筛选技术规范	中国水产科学研究院、中国水产科学研究院南海水产研究所	刘晴、林钦、樊恩源、黄瑛、齐占会、黄洪辉、王晓梅	本标准规定了海水滩涂贝类增养殖环境特征污染物的筛选指标、调查和监测要求、污染物筛选方法。 本标准适用于海水滩涂贝类增养殖区规划和监测管理的污染物甄别与筛选。
SC/T 9428—2016		水产种质资源保护区划定与评审规范	中国水产科学研究院长江水产研究所	陈细华、李创举、刘志刚、杜浩、张辉、沈丽	本标准规定了水产种质资源保护区划定条件、分级、功能区划、评审要求和判定原则。 本标准适用于水产种质资源保护区的划定和评审。
NY/T 3000—2016		黄颡鱼配合饲料	吉林农业大学、通威股份有限公司	王桂芹、芦洪梅、华雪铭、聂国兴、夏长革、米海峰、于宁、闫先春、郭贵良、张伟、陈秀梅	本标准规定了黄颡鱼配合饲料的产品分类、要求、试验方法、检验规则以及标签、包装、运输、储存和保质期。 本标准适用于黄颡鱼配合饲料。
NY/T 5361—2016	NY/T 5361—2010	无公害农产品淡水养殖产地环境条件	中国水产科学研究院长江水产研究所、农业部农产品质量安全中心	何力、周运涛、廖超子、喻亚丽、丁保华、甘金华、伍刚	本标准规定了淡水养殖产地选择、产地环境保护、养殖用水、养殖产地底质、样品采集、储存、运输和处理、测定方法和结果判定。 本标准适用于无公害农产品（淡水养殖产品）产地。

3.2 水产品

标准号	替代标准	标准名称	起草单位	主要起草人	范围
SC/T 1027—2016	SC/T 1027—1998	尼罗罗非鱼	中国水产科学研究院珠江水产研究所	郑光明、洪孝友、赵建、陈昆慈、李凯彬、朱新平、马丽莎、尹怡	本标准规定了尼罗罗非鱼的名称与分类、主要形态构造特征、生长和繁殖特性、细胞遗传学特性、生化遗传学特征、检测方法、检验规则与结果判定。 本标准适用于尼罗罗非鱼的种质检测与鉴定。
SC/T 1042—2016	SC/T 1042—2000	奥利亚罗非鱼	中国水产科学研究院淡水渔业研究中心	杨弘、祝景琳、李大宇、邹芝英、肖炜、韩珏、卫程亮	本标准规定了奥利亚罗非鱼的名称与分类、主要形态构造特征、生长与繁殖、细胞遗传学特性、生化遗传学特征、检测方法、检验规则与结果判定。 本标准适用于奥利亚罗非鱼的种质检测与鉴定。
SC/T 1121—2016		尼罗罗非鱼亲鱼	中国水产科学研究院长江水产研究所	文华、吴凡、蒋明、刘伟、田娟、程宝林	本标准规定了尼罗罗非鱼亲鱼的来源、质量要求、检测方法、检验规则和运输要求。 本标准适用于尼罗罗非鱼亲鱼的质量评定。

（续）

标准号	替代标准	标准名称	起草单位	主要起草人	范　　围
SC/T 1122—2016		黄鳝　亲鱼和苗种	中国水产科学研究院长江水产研究所	柳凌、张涛、郭峰、张洁明、朱祥云	本标准规定了黄鳝亲鱼和苗种的来源、质量要求、检测方法、检验规则、苗种计数方法和运输要求。 本标准适用于黄鳝亲鱼和苗种的质量检验与评定。
SC/T 1125—2016		泥鳅　亲鱼和苗种	山东省淡水渔业研究院	陈有光、于振海、靖莹、刘东扑、王春生、赵晓临	本标准规定了泥鳅亲鱼和苗种的来源、质量要求、检测方法、检验规则、苗种计数方法和运输要求。 本标准适用于泥鳅亲鱼和苗种的质量评价。
SC/T 1126—2016		斑鳢	中国水产科学研究院珠江水产研究所	潘德博、洪孝友、陈昆慈、朱新平、郑光明、赵建、史燕、谢文平、罗青	本标准规定了斑鳢的主要形态构造特征、生长和繁殖特性、细胞遗传学特性、生化遗传学特征及检测方法和判定规则。 本标准适用于斑鳢的种质检测和鉴定。
SC/T 1127—2016		刀鲚	中国海洋大学、江苏中洋集团股份有限公司、上海海洋大学	高天翔、曲宪成、宋娜、刘璐、钱晓明、刘大勇	本标准规定了刀鲚的名称与分类、主要形态特征、生长与繁殖特性、遗传学特性、检测方法和判定规则。 本标准适用于刀鲚的种质检测与鉴定。

（续）

标准号	替代标准	标准名称	起草单位	主要起草人	范　围
SC/T 1128—2016		黄尾鲴	杭州市农业科学研究院	冯晓宇、谢楠、刘凯、王宇希、桃桂桂、潘彬斌、戴杨鑫、马恒甲、毛剑婷	本标准规定了黄尾鲴的名称与分类、主要形态构造特征、生长和繁殖特性、细胞遗传学特性、生化遗传学特性，并规定了检测方法和检验规则与结果判定。 本标准适用于黄尾鲴的种质检测与鉴定。
SC/T 1129—2016		乌龟	中国水产科学研究院长江水产研究所、江西省水产科学研究所、湖北京山乌龟原种场、江西金龟王实业有限责任公司	何力、贺刚、喻亚丽、张涛、方春林、周运涛、伍刚、盛长斌、费春平	本标准规定了乌龟的主要形态构造特征、生长和繁殖特性、细胞遗传学特性、生化遗传学特性、检测方法、检验规则与结果判定。 本标准适用于乌龟的种质检测与鉴定。
SC/T 1131—2016		黄喉拟水龟亲龟和苗种	中国水产科学研究院珠江水产研究所、农业部南监督检验测试中心（广州）、广东省茂名市电白区星火水生野生动物繁育场	朱新平、赵建、郑光明、洪孝友、刘毅辉、魏成清、潘德博、杨火廖	本标准规定了黄喉拟水龟亲龟和苗种来源、质量要求、检测方法、检验规则、苗种计数方法与运输要求。 本标准适用于黄喉拟水龟亲龟和苗种质量评定。

（续）

标准号	替代标准	标准名称	起草单位	主要起草人	范　围
SC/T 1134—2016		广东鲂　亲鱼和苗种	中国水产科学研究院珠江水产研究所	潘德博、洪孝友、郑光明、朱新平、刘毅辉、陈昆慈、赵建、刘书贵、马丽莎	本标准规定了广东鲂亲鱼和苗种的来源、质量要求、检验方法、检验规则、苗种计数方法和运输要求。 本标准适用于广东鲂亲鱼和苗种的质量检验和评定。
SC/T 2028—2016		紫贻贝	中国海洋大学、中国水产科学研究院	高天翔、宋娜、刘琪、王琦、张辉、毛阳丽	本标准规定了紫贻贝的名称与分类、分布、主要形态特征、生长与繁殖、遗传学特征、检测方法和判定规则。 本标准适用于紫贻贝的种质检测与鉴定。
SC/T 2048—2016		大菱鲆　亲鱼和苗种	中国水产科学研究院黄海水产研究所、威海市环翠区海洋与渔业研究所、烟台天源水产有限公司	张岩、姜云荣、张辉、刘琪、原永党、张豫、潘婷、马爽	本标准规定了大菱鲆亲鱼和苗种的来源、规格、质量要求、检验方法、检验规则和运输要求。 本标准适用于大菱鲆亲鱼和苗种的质量评定。
SC/T 2069—2016		泥蚶	中国水产科学研究院黄海水产研究所、威海市环翠区海洋与渔业研究所	张岩、潘婷、董迎辉、刘琪、张辉、原永党、张豫、姜云荣、马爽	本标准规定了泥蚶的主要形态特征、生长与繁殖、细胞遗传学特征及检测方法。 本标准适用于泥蚶的种质检测与鉴定。

（续）

标准号	替代标准	标准名称	起草单位	主要起草人	范　围
SC/T 2073—2016		真鲷　亲鱼和苗种	中国水产科学研究院南海水产研究所	区又君、李加儿、李刘冬、温久福	本标准规定了真鲷亲鱼和苗种来源、规格、质量要求、检验方法、检验规则和运输要求。 本标准适用于真鲷亲鱼和苗种的质量评定。
SC/T 3033—2016		养殖暗纹东方鲀鲜、冻品加工操作规范	江苏中洋集团股份有限公司、南京师范大学、江苏省卫生监督所	钱晓明、尹绍武、高湘陵、赵素萍、朱永祥、徐逍、叶建华、张爱鸿、丛建华	本标准规定了养殖暗纹东方鲀加工的基本条件，专用设施，原料，暂养，操作规程、检验，标识、包装、运输和储存。 本标准适用于养殖暗纹东方鲀的鲜、冻品加工。
SC/T 3205—2016	SC/T 3205—2000	虾皮	中国水产科学研究院黄海水产研究所、瑞安市华盛水产有限公司、山东好当家海洋发展股份有限公司、中国水产舟山海洋渔业公司	王联珠、郭莹莹、朱文嘉、戎素红、郑志成、何柳、江艳华、姚琳、盛晓风、卢丽娜、孙永军	本标准规定了虾皮的要求、试验方法、检验规则、标签、标志、包装、运输及储存。 本标准适用于以中国毛虾、日本毛虾等小型虾为原料，添加（或不添加）辅料，经水煮（或不水煮）、干燥等工序制成的产品。

（续）

标准号	替代标准	标准名称	起草单位	主要起草人	范　　围
SC/T 3216—2016	SC/T 3216—2006	盐制大黄鱼	福建福鼎海鸥水产食品有限公司、福建省宁德市渔业协会、中国水产科学研究院黄海水产研究所、浙江海味鲜食品开发有限公司、中国水产科学研究院东海水产研究所、宁德市夏威食品有限公司、宁德市金盛水产有限公司	韩承义、王联珠、郭全友、刘君琼、张建文、陈胜平、蔡述秋、尤信铃	本标准规定了盐制大黄鱼的产品分类、要求、试验方法、检验规则、标签、标志、包装、运输和储存。 本标准适用于以大黄鱼为原料，经剖片、清洗、盐渍（调味）、干燥或不干燥、包装等工序制成的产品。
SC/T 3220—2016		干制对虾	宁波市海洋与渔业研究院、中国水产舟山海洋渔业公司、宁波市水产行业协会	段青源、柴丽月、戎素红、钟慧英、邱纪时、沈惠香	本标准规定了干制对虾的要求、试验方法、检验规则、标签、标志、包装、运输及储存。 本标准适用于以新鲜或冷冻的凡纳滨对虾、哈氏仿对虾、中国对虾、长毛对虾、日本对虾、斑节对虾等对虾为原料，经煮制、干燥等工序制成的产品，其他品种虾制成的产品可参照执行。

（续）

标准号	替代标准	标准名称	起草单位	主要起草人	范　围
SC/T 3309—2016		调味烤酥鱼	中国水产科学研究院黄海水产研究所、山东好当家海洋发展股份有限公司	王联珠、朱文嘉、郭莹莹、戎素红、孙永军、何柳、姚琳、江艳华、盛晓风、卢丽娜	本标准规定了调味烤酥鱼的产品分类、要求、试验方法、检验规则、标签、标志、包装、运输及储存。 本标准适用于以鱼类为原料，经预处理、调味、沥水或干燥、烤制或油炸、包装等工序制成的即食调味产品。
SC/T 3502—2016	SC/T 3502—2000	鱼油	中国水产科学研究院黄海水产研究所、福建高龙实业有限公司	冷凯良、王联珠、刘小芳、黄进、苗钧魁、王松、江洲、孙伟红、邢丽红	本标准规定了鱼油的产品分类、要求、试验方法、检验规则、标签、标志、包装、运输及储存。 本标准适用于作为原料油使用的粗鱼油及精制鱼油。
SC/T 3602—2016	SC/T 3602—2002	虾酱	中国水产科学研究院黄海水产研究所、威海浦源食品有限公司、广东海洋大学、泰祥集团技术开发有限公司	刘淇、曹荣、谢主兰、赵玲、陈金源、刘远平、李丽华、岳晓娜	本标准规定了虾酱的要求、试验方法、检验规则、标识、包装、运输及储存。 本标准适用于以毛虾、糠虾、磷虾等小型虾为主要原料，经加盐发酵等工序制成的虾酱；也适用于以虾头为原料或添加其他辅料制成的虾酱。

（续）

标准号	替代标准	标准名称	起草单位	主要起草人	范　　围
SC/T 9426.1—2016		重要渔业资源品种可捕规格　第1部分：海洋经济鱼类	中国水产科学研究院东海水产研究所、中国水产科学研究院黄海水产研究所、中国水产科学研究院南海水产研究所	程家骅、林龙山、刘尊雷、李显森、陈丕茂、陈国宝、李圣法、凌建忠、严利平、张寒野、刘勇	本部分规定了重要海洋经济鱼类的可捕规格。 本部分适用于渤海、黄海、东海、南海的海洋捕捞生产和管理。
SC/T 9427—2016		河流漂流性鱼卵和仔鱼资源评估方法	中国水产科学研究院珠江水产研究所	李跃飞、李新辉、李捷、杨计平、帅方敏	本标准规定了河流漂流性鱼卵和仔鱼资源评估的调查采样要求、评估内容与主要评估指标计算方法，以及涉水工程建设对河流漂流性鱼卵和仔鱼资源的损害评估和损害量的经济价值计算方法。 本标准适用于内陆河流漂流性鱼卵和仔鱼资源评估以及涉水工程建设对河流漂流性鱼卵和仔鱼资源的损害影响评估。
NY/T 2975—2016		绿色食品　头足类水产品	农业部乳品质量监督检验测试中心、唐山市畜牧水产品质量监测中心、中国绿色食品发展中心、荣成市鑫发水产食品有限公司	张志华、张宗城、韩学军、陈倩、李爱军、姚彦波、刘正、董李学、张鑫、连利鑫、马文宏、张凤娇、王莹、张进、郑维君、薛刚	本标准规定了绿色食品头足类水产品的术语和定义、要求、检验规则、标签、包装、运输和储存。 本标准适用于海洋捕捞的乌贼目所属的各种乌贼（又称墨鱼，如乌贼、金乌贼、微鳍乌贼、曼氏无针

（续）

标准号	替代标准	标准名称	起草单位	主要起草人	范　围
					乌贼等）；枪乌贼目所属的各种鱿鱼（又称枪乌贼、柔鱼、笔管等）；八腕目所属的各种章鱼及蛸（如船蛸、长蛸、短蛸、真蛸等）的鲜活品、冻品和解冻品。
NY/T 2976—2016		绿色食品　冷藏、速冻调制水产品	农业部乳品质量监督检验测试中心、唐山市畜牧水产品质量监测中心、中国绿色食品发展中心、象山南方水产品食品有限公司	张志华、张宗城、韩学军、陈倩、李爱军、姚彦波、刘正、叶维灯、董李学、张鑫、马文宏、张凤娇、王莹、郑维君、张进、薛刚	本标准规定了绿色食品冷藏、速冻调制水产品的术语和定义、分类、要求、检验规则、标签、包装、运输和储存。 本标准适用于冷藏或速冻条件下的绿色食品调制水产品，不适用于绿色食品鱼糜制品、海参制品、海蜇制品、蛙类制品、藻类制品、干制水产品、水产调味品、软体动物休闲食品、水产品罐头；也不适用于生食调制水产品，包括生食的酒渍水产品（如醉虾、醉蟹）和生食的腌制水产品（如生食的腌制虾、蟹、贝和泥螺）。

3.3 渔药及疾病检疫

标准号	替代标准	标准名称	起草单位	主要起草人	范　围
SC/T 1132—2016		渔药使用规范	中国水产科学研究院长江水产研究所	艾晓辉、刘永涛、杨秋红、杨移斌、胥宁、董靖	本标准规定了水产养殖生产过程中渔药的术语和定义、购买与鉴别、运输与储藏及使用。 本标准适用于食用水产动物养殖过程。
SC/T 7020—2016		水产养殖动植物疾病测报规范	全国水产技术推广总站、江苏省渔业技术推广中心、湖南省水生动物防疫检疫站、河北省水产养殖病害防治监测总站	王德芬、余卫忠、李清、陈辉、肖光明、田建中、周文、方苹、李全振、吕永辉、朱健祥	本标准规定了水产养殖动植物疾病测报的机构及人员、监测、疾病诊断、报告和预报内容。 本标准适用于水产养殖动植物疾病的测报。
SC/T 7221—2016		蛙病毒检测方法	北京市水产技术推广站、北京出入境检验检疫局、全国水产技术推广总站、中国检验检疫科学研究院	潘勇、张利峰、李清、徐立蒲、江育林、余卫忠、张文、曹欢、王小亮、王姝、王静波、邢立海、贾丽	本标准规定了蛙病毒病病原的术语和定义、试剂和材料、仪器和设备、概述、分离、鉴定和综合判定。 本标准适用于蛙病毒病的流行病学调查、诊断、检疫和监测。

3.4 渔业机械

标准号	替代标准	标准名称	起草单位	主要起草人	范　围
SC/T 6092—2016		涌浪式增氧机	中国水产科学研究院渔业机械仪器研究所、浙江富地机械有限公司、金湖小青青机电有限公司	顾海涛、吴海钧、赵建宝、王君、吴姗姗	本标准规定了涌浪式增氧机的型号、技术要求、试验方法、检验规则、标志、包装、运输和储存。 本标准适用于涌浪式增氧机。

3.5 渔船设备

标准号	替代标准	标准名称	起草单位	主要起草人	范　围
SC/T 4008—2016	SC/T 4008—1983	刺网最小网目尺寸　银鲳	中国水产科学研究院东海水产研究所	黄洪亮、陈雪忠、李灵智、刘健、张勋、陈帅、陈晓雪	本标准规定了东海、黄海区银鲳刺网的最小网目尺寸。 本标准适用于东海、黄海区渔船进行捕捞作业时所使用的单片刺网。
SC/T 4026—2016		刺网最小网目尺寸　小黄鱼	中国水产科学研究院东海水产研究所	黄洪亮、陈雪忠、李灵智、刘健、张勋、陈帅、陈晓雪	本标准规定了东海、黄海区小黄鱼刺网的最小网目尺寸。 本标准适用于东海、黄海区渔船进行捕捞作业时所使用的单片刺网。

（续）

标准号	替代标准	标准名称	起草单位	主要起草人	范　围
SC/T 4027—2016		渔用聚乙烯编织线	中国水产科学研究院东海水产研究所、威海好运通网具科技有限公司、海安中余渔具有限公司、农业部绳索网具产品质量监督检验测试中心、浙江海味鲜海洋科技 发展有限公司、中国水产科学研究院渔业机械仪器研究所、中国海洋大学、舟山蓝鲸新材料科技有限公司	石建高、陈晓雪、钟文珠、王磊、余雯雯、张孝先、黄六一、刘永利、李普友、曹文英、闵明华、张亮、程培明、张元锐	本标准规定了渔用聚乙烯编织线的标记、技术要求、试验方法、检验规则、标志、包装、运输与储存。 本标准适用于以 1 根～7 根线密度为 36tex 的降乙烯单丝制成线股，再以 16 个线肌相互交叉穿插编织成的渔用聚乙烯编织线。
SC/T 4028—2016		渔网　网线直径和线密度的测定	中国水产科学研究院东海水产研究所、威海好运通网具科技有限公司、海安中余渔具有限公司、农业部绳索网具产品质量监督检验测试中心、浙江海味鲜海洋科技 发展有限公司、中国水产科学研究院渔业机械仪器研究所、上海海洋大学、舟山蓝鲸新材料科技有限公司	石建高、刘永利、钟文珠、张健、王磊、余雯雯、陈晓雪、张孝先、曹文英、张亮、汤振明、李普友、李灵智、徐学明	本标准规定了网线直径和线密度的术语和定义、原理、测定方法、结果计算、数据修约与试验报告。 本标准适用于渔网用网线直径和线密度的测定。

（续）

标准号	替代标准	标准名称	起草单位	主要起草人	范　围
SC/T 4029—2016		东海区虾拖网网囊最小网目尺寸	中国水产科学研究院东海水产研究所	汤振明、黄洪亮、张勋、冯春雷、陈晓雪、李灵智、王磊、周爱忠、石建高	本标准规定了东海区虾拖网网囊最小网目尺寸。 本标准适用于在东海区禁渔区以外的大陆架渔场，由机动渔船进行捕捞作业时所使用的单囊或多囊虾拖网。
SC/T 5017—2016		聚丙烯裂膜夹钢丝绳	中国水产科学研究院东海水产研究所、浙江四兄绳业有限公司、海安中余渔具有限公司、上海神龙绳网有限公司、威海好运通网具科技有限公司、浙江海轮绳网有限公司、浙江海味鲜海洋科技发展有限公司、中国水产科学研究院渔业机械仪器研究所、农业部绳索网具产品质量监督检验测试中心、海城正昌工业有限公司	石建高、余雯雯、李茂巨、钟文珠、蔡荣发、张孝先、曹文利、刘永利、葛师善、李普友、王磊、张亮、蔡翔、陈晓雪、马海有、徐学明、王振辉	本标准规定了渔用聚丙烯开明膜夹钢丝绳的术语和定义、分类与标记、技术要求、试验方法、检验规则、包装、标志、质量证明书、运输及储存。 本标准适用于以聚丙烯裂膜纤维绳包裹单股镀锌钢丝绳后捻制而成的 3 股或 6 股渔用聚丙烯裂膜夹钢丝绳。

（续）

标准号	替代标准	标准名称	起草单位	主要起草人	范　围
SC/T 6091—2016		海洋渔船管理数据软件接口技术规范	中国水产科学研究院渔业工程研究所、中国水产科学研究院渔业信息工程研究中心	王立华、黄其泉、徐硕、杜卫利、王宇、朱勇、刘慧媛	本标准规定了海洋渔船管理数据软件接口的技术规范，包括术语和定义、数据元素、接口文件和符合性评价。 本标准适用于海洋渔船管理数据的交换与共享。
SC/T 7002.2—2016	SC/T 7002.2—1992	渔船用电子设备环境试验条件和方法　高温	中国水产科学研究院渔业机械仪器研究所	胡欣、陈寅杰、石瑞、钟伟	本部分规定了渔船用电子设备高温试验的试验箱及样品安装要求、试验条件、试验方法以及相关规范应包括的内容。 本部分适用于渔船用电子设备在高温环境条件下的试验。
SC/T 7002.3—2016	SC/T 7002.3—1992	渔船用电子设备环境试验条件和方法　低温	中国水产科学研究院渔业机械仪器研究所	陈寅杰、石瑞、胡欣	本部分规定了渔船用电子设备低温试验的试验箱及样品安装要求、试验条件、试验方法以及相关规范应包括的内容。 本部分适用于渔船用电子设备在低温环境条件下的试验。

（续）

标准号	替代标准	标准名称	起草单位	主要起草人	范　　围
SC/T 7002.4—2016	SC/T 7002.4—1992	渔船用电子设备环境试验条件和方法　交变湿热（Db）	中国水产科学研究院渔业机械仪器研究所	陈寅杰、石瑞、胡欣、吴姗姗	本部分规定了渔船用电子设备低温试验的试验箱及样品安装要求、试验条件、试验方法以及相关规范应包括的内容。 本部分适用于渔船用电子设备在交变湿热环境条件下的试验。
SC/T 7002.5—2016	SC/T 7002.5—1992	渔船用电子设备环境试验条件和方法　恒定湿热（Ca）	中国水产科学研究院渔业机械仪器研究所	陈寅杰、石瑞、胡欣、钟伟	本部分规定了渔船用电子设备恒定湿热（Ca）试验的试验箱及样品安装要求、试验条件、试验方法以及相关规范应包括的内容。 本部分适用于渔船用电子设备在恒定湿热环境条件下的试验。
SC/T 8148—2016		渔业船舶气胀式救生筏存放筒技术条件	中国水产科学研究院渔业机械仪器研究所、中华人民共和国江苏渔业船舶检验局、东台市江海救生消防设备有限公司	顾海涛、荆柯、钮静江	本标准规定了气胀式救生筏玻璃纤维增强塑料（玻璃钢）存放筒的结构型式及型号、技术条件。 本标准适用于由玻璃钢材质成型的各类渔业船舶用气胀式救生筏存放筒。

（续）

标准号	替代标准	标准名称	起草单位	主要起草人	范　　围
SC/T 8162—2016		渔业船舶用救生衣（100N）	中国水产科学研究院渔业机械仪器研究所	何雅萍、顾海涛	本标准规定了在淡水中提供的浮力大于 100N 的成人救生衣的技术要求、试验方法、检验规则、标志、包装和运输等。 本标准适用于近海以内航区渔业船舶船员遇险逃生时使用的救生衣。

4 农垦

4.1 热作产品

标准号	替代标准	标准名称	起草单位	主要起草人	范　围
NY/T 221—2016	NY/T 221—2006	橡胶树栽培技术规程	中国热带农业科学院橡胶研究所、海南大学、海南省农垦总局、云南省农垦总局、广东省农垦总局、西双版纳农业局、农业部发展南亚热带作物办公室	林位夫、郑服丛、李家宁、李智全、李传辉、陈叶海、严志平、傅建、谢贵水、安锋、王军、周珺	本标准规定了巴西橡胶树栽培有关的术语和定义、要求等。 本标准适用于国内巴西橡胶树栽培。
NY/T 245—2016	NY/T 245—1995	剑麻纤维制品含油率的测定	农业部剑麻及制品质量监督检验测试中心	张光辉、陶进转、陈伟南、郑润里	本标准规定了剑麻纤维制品含油率的测定方法。 本标准适用于剑麻纤维制品中含油率的测定。

（续）

标准号	替代标准	标准名称	起草单位	主要起草人	范　　围
NY/T 1037—2016	NY/T 1037—2006	天然胶乳　表观黏度的测定旋转黏度计法	中国热带农业科学院农产品加工研究所、农业部食品质量监督检验测试中心（湛江）、国家橡胶及乳胶制品质量监督检验中心	张北龙、黄红海、周慧莲、郑向前、丁丽	本标准规定了用L型旋转黏度计测定天然胶乳表观黏度的方法。 本标准适用于浓缩天然胶乳表观黏度的测定，也适用于巴西橡胶树之外的其他天然胶乳以及配合胶乳的测定。表观黏度测定的其他方法参见附录A。
NY/T 3008—2016		木菠萝栽培技术规程	中国热带农业科学院香料饮料研究所、海南大学	谭乐和、吴刚、李绍鹏、刘爱勤、李茂富、桑利伟、李新国、孙世伟	本标准规定了木菠萝栽培的园地选择、园地规划、园地开垦、定植、田间管理、主要病虫害防治和果实采收等技术要求。 本标准适用于木菠萝的栽培管理。
NY/T 3009—2016		天然生胶　航空轮胎橡胶加工技术规程	海南省农垦中心测试站	邓辉、戴建辉、唐群峰、谭杰、倪燕、宋钧、杨莉、梁晓莉	本标准规定了航空轮胎橡胶在生产过程中的基本工艺及技术要求。 本标准适用于鲜胶乳为原料生产航空轮胎橡胶的加工工艺。
NY/T 3011—2016		芒果等级规格	中国热带农业科学院分析测试中心、农业部科技发展中心、农业部热带农产品质量监督检验测试中心、中国热带农业科学院热带作物品种资源研究所	徐志、谢轶、徐学万、张艳玲、段云、陈业渊、高爱平、党志国、黄建峰	本标准规定了台农1号芒、金煌芒、贵妃芒、桂热芒82号、凯特芒、圣心芒、吉禄芒、红象牙芒、白象牙芒等品种的等级规格要求、检验方法、检验规则、包装和标识等。 本标准适用于鲜食芒果的等级规格划分。

（续）

标准号	替代标准	标准名称	起草单位	主要起草人	范　　围
NY/T 3012—2016		咖啡及制品中葫芦巴碱的测定　高效液相色谱法	云南省农业科学院质量标准与检测技术研究所、农业部农产品质量监督检验测试中心（昆明）、农业部农产品质量安全风险评估实验室（昆明）	刘宏程、黎其万、邵金良、林涛、汪禄祥、邹艳虹	本标准规定了咖啡及制品中葫芦巴碱含量的高效液相色谱测定方法。 本标准适用于生咖啡、烘焙咖啡、速溶咖啡中葫芦巴碱的测定。

4.2　热作加工机械

标准号	替代标准	标准名称	起草单位	主要起草人	范　　围
NY/T 3010—2016		天然橡胶初加工机械　打包机安全技术要求	中国热带农业科学院农业机械研究所	欧忠庆、刘智强、张劲、李明福	本标准规定了天然橡胶初加工机械打包机的设计、制造、安装、使用和维护等的安全技术要求。 本标准适用于以天然橡胶为加工原料的橡胶液压打包机。

4.3 热作种子种苗栽培

标准号	替代标准	标准名称	起草单位	主要起草人	范围
NY/T 362—2016	NY/T 362—1999	香荚兰 种苗	中国热带农业科学院香料饮料研究所	王华、王辉、朱自慧、宋应辉、庄辉发、赵青云、顾文亮、邢诒彰	本标准规定了香荚兰种苗的术语和定义、要求、检验方法、检验规则、包装、标识、运输和储存。 本标准适用于墨西哥香荚兰母蔓和插条苗的质量检验，也可作为大花香荚兰、塔希堤香荚兰和帝皇香荚兰等香荚兰属其他种的种苗质量检验参考。
NY/T 2667.5—2016		热带作物品种审定规范 第5部分：咖啡	云南省德宏热带农业科学研究所、中国农垦经济发展中心、中国热带农业科学院香料饮料研究所	周华、张洪波、李锦红、郭铁英、董云萍、杨积忠、白学慧、孙娟、闫林、夏红云、赵明珠	本部分规定了小粒种咖啡、中粒种咖啡品种审定要求、判定规则和审定程序。 本部分适用于小粒种咖啡、中粒种咖啡品种的审定。
NY/T 2667.6—2016		热带作物品种审定规范 第6部分：芒果	中国热带农业科学院热带作物品种资源研究所、中国农垦经济发展中心	陈业渊、高爱平、朱敏、黄建峰、赵志常、党志国	本部分规定了芒果品种审定要求、判定规则和审定程序。 本部分适用于芒果品种审定。

（续）

标准号	替代标准	标准名称	起草单位	主要起草人	范　　围
NY/T 2667.7—2016		热带作物品种审定规范　第7部分：澳洲坚果	云南省热带作物科学研究所、中国农垦经济发展中心、中国热带农业科学院南亚热带作物研究所、江城耀霖农林开发有限公司	倪书邦、贺熙勇、刘建玲、陶丽、杜丽清、曾辉、徐斌、陶亮	本部分规定了澳洲坚果品种审定要求、判定规则和审定程序。 本部分适用于澳洲坚果品种的审定。
NY/T 2668.5—2016		热带作物品种试验技术规程　第5部分：咖啡	云南省德宏热带农业科学研究所、中国农垦经济发展中心、中国热带农业科学院香料饮料研究所	周华、白学慧、郭铁英、孙娟、张洪波、李锦红、董云萍、杨积忠、陈明文、闫林、萧自位、刘金	本部分规定了小粒种咖啡、中粒种咖啡品种比较试验、区域试验和生产试验的技术要求。 本部分适用于小粒种咖啡、中粒种咖啡品种的品种试验。
NY/T 2668.6—2016		热带作物品种试验技术规程　第6部分：芒果	中国热带农业科学院热带作物品种资源研究所、中国农垦经济发展中心	陈业渊、高爱平、黄建峰、赵志常、党志国、罗睿雄	本部分规定了芒果的品种比较试验、区域试验和生产试验的技术要求。 本部分适用于芒果品种试验。
NY/T 2668.7—2016		热带作物品种试验技术规程　第7部分：澳洲坚果	云南省热带作物科学研究所、中国农垦经济发展中心、中国热带农业科学院南亚热带作物研究所、江城耀霖农林开发有限公司	倪书邦、贺熙勇、孙娟、陶丽、杜丽清、陈明文、曾辉、徐斌、陶亮	本部分规定了澳洲坚果的品种比较试验、区域试验和生产试验的技术要求。 本部分适用于澳洲坚果品种试验。

（续）

标准号	替代标准	标准名称	起草单位	主要起草人	范　　围
NY/T 3003—2016		热带作物种质资源描述及评价规范　胡椒	中国热带农业科学院香料饮料研究所	邬华松、郝朝运、杨建峰、邢谷杨、谭乐和、胡丽松、碰了维全、桑利伟、范睿、伍宝朵	本标准规定了胡椒科胡椒属种质资源描述及评价的要求和方法。 本标准适用于胡椒属种质资源相关性状的描述及评价。
NY/T 3004—2016		热带作物种质资源描述及评价规范　咖啡	中国热带农业科学院香料饮料研究所、云南省德宏热带农业科学研究所	董云萍、林兴军、闫林、王晓阳、张洪波、周华、孙燕、黄丽芳、陈鹏、龙宇宙、谭乐和	本标准规定了茜草科黑咖啡属种质资源描述及评价的要求和方法。 本标准适用于咖啡种质资源相关性状的描述和评价。

5 农业机械化

5.1 农业机械综合类

标准号	替代标准	标准名称	起草单位	主要起草人	范围
NY/T 368—2016	NY/T 368—1999	种子提升机质量评价技术规范	四川省农业机械鉴定站	陈军成、李和平、米洪友、蒋立茂、邓晓明	本标准规定了种子提升机的术语和定义、基本要求、质量要求、检测方法和检验规则。 本标准适用于斗式种子提升机的质量评定。
NY/T 370—2016	NY/T 370—1999	种子干燥机质量评价技术规范	黑龙江农垦农业机械试验鉴定站、黑龙江省农副产品加工机械化研究所、佐竹机械（苏州）有限公司、佛冈明阳机械有限公司	潘久君、柳春柱、顾冰洁、潘保利、王亦南、刘厚清、胡彪	本标准规定了种子干燥机的术语和定义、基本要求、质量要求、检测方法和检验规则。 本标准适用于连续式和循环式种子干燥机的质量评定。
NY/T 377—2016	NY/T 377—1999	柴油添加剂发动机台架试验方法	农业部农业机械试验鉴定总站	刘旭、王庆厚、张晓亮、彭鹏、仵建涛、刘声春、王明磊	本标准规定了柴油添加剂发动机台架试验用术语和定义、试验方法和评价指标。 本标准适用于节油减烟型柴油添加剂。

（续）

标准号	替代标准	标准名称	起草单位	主要起草人	范　　围
NY/T 501—2016	NY/T 501—2002	水田耕整机作业质量	湖南省农业机械鉴定站、益阳市民福农机装备有限公司、湖南农夫机电有限公司、湖南省农友机械集团有限公司	吴毅、王林力、周谦、邓实承、龚秋高、黄太平、刘岳桥	本标准规定了水田耕整机作业的质量要求、检测方法和检验规则。 本标准适用于水田耕整机水田耕整地作业的质量评定。
NY/T 502—2016	NY/T 502—2002	花生收获机作业质量	农业部南京农业机械化研究所、农业部农业机械试验鉴定总站、江苏宇成动力集团有限公司	胡志超、张会娟、田立佳、彭宝良、韩雪、陈有庆、吴峰、王海鸥、蒯杰	本标准规定了花生收获机的作业质量要求、检测方法和评定规则。 本标准适用于花生联合收获机、花生捡拾联合收获机、花生挖掘机的作业质量评定。
NY/T 504—2016	NY/T 504—2002	秸秆粉碎还田机　修理质量	河北省农机修造服务总站、石家庄惠田机械有限公司	孙彦玲、尹军伟、南长河、贾云鹏、郭一、耿立星、刘志刚、冯佐龙、杨文丽	本标准规定了秸秆粉碎还田机主要零、部件及整机的修理技术要求、安全要求、检验方法、验收与交付。 本标准适用于甩刀式和锤爪式秸秆粉碎还田机的修理质量评定。
NY/T 510—2016	NY/T 510—2002	葵花籽剥壳机械　质量评价技术规范	辽宁省农机质量监督管理站、锦州俏牌机械有限公司	丁宁、吴义龙、张旭东、李继锋、曲文涛、白阳、孙本珠、金英慧、杨柳、刘明国、崔跃峰	本标准规定了葵花籽剥壳机械的质量要求、检测方法和检验规则。 本标准适用于葵花籽剥壳机械的质量评定。

（续）

标准号	替代标准	标准名称	起草单位	主要起草人	范　　围
NY/T 1138.1—2016	NY/T 1138.1—2006	农业机械维修业开业技术条件　第 1 部分：农业机械综合维修点	农业部农业机械试验鉴定总站、山东省农业机械维修指导站	王扬光、温芳、王世杰、田金明、叶宗照、吕占民	本部分规定了农业机械综合维修点应具备的设备、设施、人员、质量管理、安全生产及环境保护等条件。 本部分适用于对农业机械综合维修点（一级、二级、三级）开业资格审核和日常监督检查。
NY/T 1138.2—2016	NY/T 1138.2—2006	农业机械维修业开业技术条件　第 2 部分：农业机械专项维修点	农业部农业机械试验鉴定总站、山东省农业机械维修指导站	王扬光、温芳、王世杰、田金明、叶宗照、吕占民	本部分规定了农业机械专项维修点应具备的设备、设施、人员、质量管理、安全生产及环境保护等条件。 本部分适用于对农业机械专项维修点开业资格审核和日常监督检查。
NY/T 1408.6—2016		农业机械化水平评价　第 6 部分：设施农业	农业部规划设计研究院	周长吉、丁小明、何芬、李中华	本部分规定了农业机械化水平的评价指标和计算方法。 本部分适用于设施农业机械化程度的统计和评价。

（续）

标准号	替代标准	标准名称	起草单位	主要起草人	范　　围
NY/T 2899—2016		农业机械生产企业维修服务能力评价规范	农业部农业机械试验鉴定总站、河北省农机修造服务总站	温芳、叶宗照、孙彦玲、田金明、王扬光、畅雄勃、杨彦杰、吕占民	本标准规定了农业机械生产企业维修服务能力要求，包括组织管理、人员培训、配件供应、签约网点和用户管理等要素内容，以及维修服务能力的评价方法和等级判断。 本标准适用于农业机械生产企业外部或内部对维修服务能力进行评价，以及为企业建立维修服务体系提供参考。
NY/T 2900—2016		报废农业机械回收拆解技术规范	农业部农业机械试验鉴定总站、江苏省农机化服务站	田金明、王扬光、李建南、温芳、叶宗照、吕占民	本标准规定了报废农业机械回收拆解的术语和定义、基本要求、技术要求及拆解后零部件、废液的存储和处置等。 本标准适用于报废回收拆解企业进行拖拉机、收获机械等报废的自走式农业机械回收拆解；其他报废农业机械回收拆解可参照执行。
NY/T 2902—2016		甘蔗联合收获机　作业质量	广西壮族自治区农业机械鉴定站、广西壮族自治区农业机械化技术推广总站	黎波、黄志华、叶长青、邱恒先、卢一福、吴英满、莫彧、黄才志、何波涛、姚炜、王敏	本标准规定了甘蔗联合收获机的作业质量要求、检测方法和检验规则。 本标准适用于甘蔗联合收获机作业的质量评定。

（续）

标准号	替代标准	标准名称	起草单位	主要起草人	范　围
NY/T 2903—2016		甘蔗收获机质量评价技术规范	广西壮族自治区农业机械鉴定站、广西壮族自治区农业机械化技术推广总站	黎波、黄志华、叶长青、邱恒先、卢一福、吴英满、莫彧、黄才志、何波涛、姚炜、王敏	本标准规定了甘蔗收获机的产品质量要求、检验方法和检验规则。 本标准适用于甘蔗收获机的质量评定。
NY/T 2904—2016		葡萄埋藤机质量评价技术规范	中国农业科学院果树研究所、山东农业大学、高密市益丰机械有限公司	郝志强、王海波、刘凤之、王志强、瞿衡、王孝娣、张敬国	本标准规定了圆盘取土式和旋耕取土式葡萄埋藤机的质量要求、检测方法和检验规则。 本标准适用于与拖拉机配套的圆盘取土式和旋耕取土式葡萄埋藤机产品质量评定。
NY/T 2905—2016		方草捆打捆机质量评价技术规范	内蒙古自治区农牧业机械试验鉴定站	陈晖明、王强、吴鸣远、高云燕	本标准规定了方草捆打捆机的质量要求、检测方法和检验规则。 本标准适用于与拖拉机配套的以捆绳或钢丝做捆绑材料的具有捡拾功能的方草捆打捆机的质量评定。
NY/T 2906—2016		水稻插秧机可靠性评价方法	湖南省农业机械鉴定站、湖南省农友机械集团有限公司	王洪明、汪友祥、吴文科、王林力、龚洵迪、徐果毅、刘若桥	本标准规定了机动水稻插秧机可靠性评价的故障分级及记录、评价指标、评价方法和评价规则。 本标准适用于乘坐式高速水稻插秧机、乘坐式水稻插秧机和手扶步进式水稻插秧机试验鉴定的可靠性评价。

（续）

标准号	替代标准	标准名称	起草单位	主要起草人	范　围
NY/T 3013—2016		水稻钵苗栽植机　质量评价技术规范	吉林省农业机械试验鉴定站、常州亚美柯机械设备有限公司、吉林鑫华裕农业装备有限公司、潍坊同方机械有限公司	钟锋、周晗宇、齐开山、史步云、朱兆伟、郭保可、穆松	本标准规定了水稻钵苗栽植机的术语和定义、基本要求、质量要求、检测方法、检验规则。 本标准适用于水稻钵苗栽植机的质量评定。
NY/T 3014—2016		甜菜全程机械化生产技术规程	中国农业科学院甜菜研究所、黑龙江大学农作物研究院、常州汉森机械有限公司、黑龙江省农业机械维修研究所、内蒙古自治区农牧业科学院	范有君、闫志山、苏文斌、莫毅松、李建新、朱敏、宋柏权、朱月和、林志强、樊福义	本标准规定了甜菜全程机械化生产中的甜菜选地、机具选择、耕整地、直播与移栽、田间管理、收获、储藏与运输、农膜回收等技术要求。 本标准适用于东北、华北和西北等糖用甜菜全程机械化生产。
NY/T 3015—2016		机动植保机械安全操作规程	农业部南京农业机械化研究所、宁波奥晟机械有限公司、山东华盛农业药械有限责任公司	李良波、赵晓萍、陈小兵、王小丽、裴亮、沈焕军、郭丽	本标准规定了机动植保机械安全操作的基本条件、作业准备、转移行驶、施药作业和作业完成后的要求。 本标准适用于背负式喷雾喷粉机、动力喷雾机（包括背负式、担架式、推车式动力喷雾机）、喷杆喷雾机（包括悬挂式、牵引式及自走式喷杆喷雾机）、风送式喷雾机（包括悬挂式、牵引式、自走式及车载式风送喷雾机）的操作。

（续）

标准号	替代标准	标准名称	起草单位	主要起草人	范　围
NY/T 3016—2016		玉米收获机安全操作规程	辽宁省农业机械化技术推广总站	刘华、杨宏、于君、刘智卓、樊禹铭、赵永胜、李宏哲、崔昕、王平	本标准规定了玉米收获机安全操作的基本条件、启动、起步、移动行驶和收获作业安全操作规程。 本标准适用于玉米收获机的操作。

5.2　其他农机具

标准号	替代标准	标准名称	起草单位	主要起草人	范　围
NY/T 2901—2016		温室工程　机械设备安装工程施工及验收通用规范	农业部规划设计研究院	王莉、张跃峰、周长吉、张秋生、丁小明、魏晓明、闫俊月	本标准规定了温室工程中机械设备安装工程施工的总则、施工条件、安装、试运转及验收等通用技术要求。 本标准适用于在温室内或温室结构上安装的机械设备安装工程施工及验收。

6　农村能源

6.1　沼气工程规模分类

标准号	替代标准	标准名称	起草单位	主要起草人	范　围
NY/T 1699—2016	NY/T 1699—2009	玻璃纤维增强塑料户用沼气池技术条件	农业部沼气科学研究所、农业部沼气产品及设备质量监督检验测试中心、成都泓奇实业股份有限公司、安徽池州星野生态能源开发有限公司	王超、席江、丁自立、冉毅、陈子爱、蒋鸿涛、贺莉、贾沛阳、张志础	本标准规定了以玻璃纤维为增强材料、以树脂为基体的玻璃纤维增强塑料户用沼气池及拱盖的技术要求、试验方法、检验规则及标志、包装、运输储存等内容。 本标准适用于以片状模塑料（SMC）模压成型、缠绕成型、手糊成型和喷射成型工艺生产的，容积不大于 10m^3 的户用玻璃钢沼气池和以玻璃钢拱盖作为储气间的沼气池。
NY/T 2910—2016		硬质塑料户用沼气池	农业部农业生态与资源保护总站、上海铂砾耐材料科技有限公司、农业部沼气科学研究所、中国沼气学会、北京三农科技发展有限公司、安庆市冲浪能源科技有限责任公司、黑龙江健鑫科技开发有限公司、云南祥云杨帆塑业有限公司	孙丽英、韩可杰、李景明、王超、方铭、何宏瑞、邓悦欢、李健吾、魏家峰、宋勇、何宏勋、韩帮军、雷猛	本标准规定了以热塑性树脂为基体，并添加填充材料或者增强材料制成的户用沼气池产品的型号、性能要求、试验方法、检验规则及标志、包装、运输和储存等内容。 本标准适用于注塑、滚塑、挤塑和模压成型工艺的 PE、PP、ABS、PVC 等硬质塑料户用沼气池及其部件。

6.2 其他类

标准号	替代标准	标准名称	起草单位	主要起草人	范围
NY/T 443—2016		生物质气化供气系统技术条件及验收规范	中国农村能源行业协会、农业部规划设计研究院、北京市公用事业科学研究所、山东大学、中国科学院广州能源研究所、农业部节能产品及设备质量监督检验测试中心（哈尔滨）、合肥天焱绿色能源开发有限公司、辽宁贝龙农村能源环境技术有限公司、吉林天煜新型能源工程有限公司、山东百川同创能源有限公司、无锡明燕集团新能源科技有限公司、南京万物新能源科技有限公司	肖明松、张榕林、王孟杰、董玉平、马隆龙、佟启玉、刘勇、王如汉、李海燕、贝洪毅、史诗长	本标准规定了生物质气化供气系统的技术条件、工程施工安装、试验方法及验收规范。 本标准适用于以生物质秸秆为原料的气化集中供气系统。

（续）

标准号	替代标准	标准名称	起草单位	主要起草人	范　　围
NY/T 610—2016	NY/T 610—2002	日光温室　质量评价技术规范	北京市农业机械试验鉴定推广站	张京开、刘旺、王荣雪、谢杰、盛顺、安红艳、禹振军	本标准规定了日光温室的基本要求、质量要求、检测方法和检验规则。 本标准适用于日光温室的质量评定。
NY/T 2907—2016		生物质常压固定床气化炉技术条件	中国农村能源行业协会生物质能专委会、农业部节能与干燥机械设备及产品质量监督检验测试中心、山东大学、辽宁贝龙农村能源环境技术有限公司、无锡明燕集团新能源科技有限公司、吉林天煜新型能源工程有限公司、山东百川同创能源有限公司、南京万物新能源科技有限公司	肖明松、佟启玉、董玉平、王如汉、贝洪毅、李海燕、景元琢、史诗长	本标准规定了生物质常压固定床气化炉的类别、技术条件、试验方法和检验规则。 本标准适用于以生物质为原料的常压固定床气化炉。

（续）

标准号	替代标准	标准名称	起草单位	主要起草人	范　围
NY/T 2908—2016		生物质气化集中供气运行与管理规范	中国农村能源行业协会生物质能专委会、农业部节能与干燥机械设备及产品质量监督检验测试中心、山东大学、辽宁贝龙农村能源环境技术有限公司、吉林天煜新型能源工程有限公司、山东百川同创能源有限公司、无锡明燕集团新能源科技有限公司、南京万物新能源科技有限公司	肖明松、佟启玉、董玉平、王如汉、贝洪毅、李海燕、董磊、史诗长	本标准规定了生物质气化集中供气站的启动、运行管理和设备维护。 本标准适用于以生物质为原料的气化集中供气站的运行管理与维护。
NY/T 2909—2016		生物质固体成型燃料质量分级	农业部规划设计研究院、河北天太生物质能源开发有限公司	田宜水、赵立欣、孟海波、霍丽丽、袁艳文、姚宗路、杨小亮、朱本海、戴辰、王冠、王茹、付成果	本标准规定了生物质固体成型燃料的分类、规格、质量等级要求和试验方法。 本标准适用于以农业、林业生物质等为原料生产的生物质固体成型燃料。不适用于经过化学处理的废旧物料生产的固体成型燃料。

（续）

标准号	替代标准	标准名称	起草单位	主要起草人	范　　围
NY/T 3020—2016		农作物秸秆综合利用技术通则	农业部规划设计研究院、农业部农业生态与资源保护总站、中国农业科学院农业资源与农业区划研究所、中国农业科学院饲料研究所	田宜水、毕于运、王飞、孙丽英、李想、王世琴、罗娟、宋成军、齐岳、冯晶	本标准规定了农作物秸秆综合利用中有关资源调查与评价，秸秆收储运，肥料化、饲料化、燃料化、基料化等利用中的通用技术要求。 本标准适用于指导稻谷、小麦、玉米、薯类、油料和棉花等农作物秸秆综合利用技术选择。
NY/T 3021—2016		生物质成型燃料原料技术条件	农业部规划设计研究院、北京一方阳光能源技术有限公司	赵立欣、孟海波、霍丽丽、姚宗路、丛宏斌、戴辰、冯晶、罗娟、王冠、李丽洁、赵凯、陈佶、朱本海	本标准规定了生物质固体成型燃料原料进厂时的分类、技术要求、检验、安全卫生等要求。 本标准适用于生物质成型燃料生产用的农作物秸秆、农产品加工剩余物、林木剩余物等主要原料。
NY/T 3022—2016		离网型风力发电机组运行质量及安全检测规程	中国农业机械工业协会风力机械分会、内蒙古工业大学、合肥为民电源有限公司、农业部农业生态与资源保护总站、深圳泰玛风光能源科技有限	祁和生、刘志璋、张为民、李景明、杨仲义、李文艳、俞红鹰、徐学根、常东来、王菡、伍友刚、鲁中间、弓强、李德孚、姚修伟	本标准规定了离网型风力发电机组运行环境条件、安全规范及测试等方面的要求。 本标准适用于风轮扫掠面积小于 $200m^2$，产生的电压低于 1 000V 交流电或 1 500V 直流电且离网应用的风力发电机组。

（续）

标准号	替代标准	标准名称	起草单位	主要起草人	范　围
NY/T 3022—2016			公司、广州红鹰能源科技有限公司、浙江华鹰风电设备有限公司、包头市天隆永磁电机制造有限责任公司、青岛安华新元风能股份有限公司、中科恒源科技股份有限公司		
NY/T 3024—2016		日光温室建设标准	农业部工程建设中心、中国农业科学院农业环境与可持续发展研究所、农业部规划设计研究院	杨其长、周长吉、张义、方慧、程瑞锋、李琨、刘文科、仝宇欣、肖平	本标准是编制、评估、审批日光温室工程项目可行性研究报告的重要依据，也是有关部门审查日光温室工程项目初步设计和监督检查项目建设的尺度。 本标准适用于北纬 32°～48°地区以生产果蔬和花卉为主的日光温室新建工程项目，改（扩）建工程项目可参照执行。

7 绿色食品

标准号	替代标准	标准名称	起草单位	主要起草人	范围
NY/T 422—2016	NY/T 422—2006	绿色食品 食用糖	农业部食品质量监督检验测试中心（湛江）、中国绿色食品发展中心、南宁糖业股份有限公司	林玲、李涛、肖凌、杨春亮、王明月、张志华、陈倩、杨建荣、郭宏斌、刘丽丽、潘晓威	本标准规定了绿色食品食用糖的术语和定义、要求、检验规则、标签、包装、运输和储存。 本标准适用于以甘蔗或甜菜为直接或间接原料生产的绿色食品原糖、白砂糖、绵白糖、单晶体冰糖、多晶体冰糖、方糖、精幼砂糖、赤砂糖、红糖、冰片糖、黄砂糖、液体糖和糖霜等食用糖。
NY/T 427—2016	NY/T 427—2007	绿色食品 西甜瓜	河南省农业科学院农业质量标准与检测技术研究所、农业部农产品质量监督检测测试中心（郑州）、中国绿色食品发展中心、河南省绿色食品发展中心、河南省农业科学院园艺研究所、洛阳市新大农业科技有限公司	汪红、王铁良、司敬沛、魏亮亮、王会锋、赵光华、陈倩、陈丛梅、张志华、钟红舰、尚兵、许超、赵卫星、常高正、刘勇	本标准规定了绿色食品西甜瓜的术语和定义、要求、检验规则、标签、包装、运输和储存。 本标准适用于绿色食品西瓜和甜瓜（包括薄皮甜瓜和厚皮甜瓜）。

（续）

标准号	替代标准	标准名称	起草单位	主要起草人	范　围
NY/T 434—2016	NY/T 434—2007	绿色食品　果蔬汁饮料	农业部乳品质量监督检验测试中心、山东沾化浩华果汁有限公司、中国绿色食品发展中心	张进、何清毅、高文瑞、孙亚范、刘亚兵、梁胜国、张志华、陈倩、李卓、程艳宇、朱青、苏希果	本标准规定了绿色食品果蔬汁饮料的术语和定义、要求、检验规则、标签、包装、运输和储存。 本标准适用于绿色食品果蔬汁饮料，不适用于发酵果蔬汁饮料（包括果醋饮料）。
NY/T 898—2016	NY/T 898—2004	绿色食品　含乳饮料	农业部乳品质量监督检验测试中心、中国绿色食品发展中心、天津海河乳业有限公司	张志华、陈倩、张宗城、武文起、何清毅、刘正、马文宏、张凤娇、王莹、张进、高文瑞、郑维君、薛刚、李卓、王春天	本标准规定了绿色食品含乳饮料的术语和定义、要求、检验规则、标签、包装、运输和储存。 本标准适用于绿色食品含乳饮料。
NY/T 899—2016	NY/T 898—2004	绿色食品　冷冻饮品	中国农业科学院沈阳应用生态研究所、中国绿色食品发展中心、北京艾莱发喜食品有限公司	王莹、张志华、王颜红、陈倩、王瑜、吴红、周京生、李德敏、郭璇、杺垚、高铭锾	本标准规定了绿色食品冷冻饮品的术语和定义、要求、检验规则、标签、包装、运输和储存。 本标准适用于绿色食品冷冻饮品。

（续）

标准号	替代标准	标准名称	起草单位	主要起草人	范　围
NY/T 900—2016	NY/T 900—2007	绿色食品　发酵调味品	山东省农业科学院农业质量标准与检测技术研究所、中国绿色食品发展中心、山东省标准化研究院、山东标准检测技术有限公司	滕葳、李倩、陈倩、张志华、柳琪、张树秋、王磊、甄爱华、徐薇	本标准规定了绿色食品发酵调味品的分类、要求、检验规则、标签、包装、运输和储存。 本标准适用于采用发酵方法生产的绿色食品酱油、食醋、酿造酱、腐乳、豆豉、纳豆及其制品。
NY/T 1043—2016	NY/T 1043—2006	绿色食品　人参和西洋参	中国农业科学院特产研究所、吉林农业大学（农业部参茸产品质量监督检验测试中心）	张亚玉、张迪迪、李月茹、陈丹、赵景辉、孙海、刘宁、赵丹、王艳梅、王秋霞、汪树理、刘政波、王艳红、孔令瑶、徐成路	本标准规定了绿色食品人参和西洋参的术语和定义、要求、检验规则、标签、包装、运输和储存。 本标准适用于绿色食品保鲜参、活性参、生晒参、红参、人参蜜片和西洋参，西洋参应符合国家关于保健食品的相关规定。
NY/T 1046—2016	NY/T 1046—2006	绿色食品　焙烤食品	湖南省食品测试分析中心、中国绿色食品发展中心、东莞市华美食品有限公司	李绮丽、李高阳、张菊华、张志华、陈倩、张继红、袁旭培、尚雪波、胡冠华、梁曾恩妮、黄绿红、李志坚、谭欢、潘兆平、何双、肖轲	本标准规定了绿色食品焙烤食品的术语和定义、分类、要求、检验规则、标签、包装、运输和储存。 本标准适用于预包装的绿色食品焙烤食品（面包、饼干、焙烤类月饼和焙烤类糕点）。

（续）

标准号	替代标准	标准名称	起草单位	主要起草人	范　　围
NY/T 1507—2016	NY/T 1507—2007	绿色食品　山野菜	广东省农业科学院农产品公共监测中心、中国绿色食品发展中心、农业部蔬菜水果质量监督检验测试中心（广州）、湖北凡华农业科技发展有限公司	杨慧、张志华、王富华、陈岩、耿安静、赵晓丽、李丽、朱娜	本标准规定了绿色食品山野菜的要求、检验规则、标签、包装、运输和储存。 本标准适用于各类野生或人工种植的、可供食用的绿色食品山野菜（常见山野菜学名、俗名参见附录A）。
NY/T 1510—2016	NY/T 1510—2007	绿色食品　麦类制品	黑龙江省农业科学院农产品质量安全研究所、中国绿色食品发展中心、农业部谷物与制品质量监督检测测试中心（哈尔滨）	程爱华、廖辉、陈国峰、李宛、孙丽容、单宏、刘晓庆、金海涛、张志华、陈倩、陈国友、王剑平、王乐凯	本标准规定了绿色食品麦类制品的术语和定义、要求、检验规则、标签、包装、运输和储存。 本标准适用于以绿色食品大麦（含米大麦）、燕麦（含莜麦）、小麦、荞麦等为主要原料的即食麦类制品和发芽麦类制品，不适用于麦茶和焙烤类麦类制品。
NY/T 2973—2016		绿色食品　啤酒花及其制品	新疆农业科学院农业质量标准与检测技术研究所、中国绿色食品发展中心、农业部农产品质量监督检验测试中心（乌鲁木齐）、新疆维吾尔自治区绿色食品发展	王成、张志华、郑伟华、陈倩、冯婷、曹双瑜、孙涛、王富兰、安冉、王贤、赵泽、杨莲、焦学红、钟俊辉、王健、迟志岚、武千钧	本标准规定了绿色食品啤酒花及其制品的术语和定义、要求、检验规则、标签、包装、运输和储存。 本标准适用于以绿色食品啤酒花及其制品，包括压缩啤酒花、颗粒啤酒花和二氧化碳啤酒花浸膏。

（续）

标准号	替代标准	标准名称	起草单位	主要起草人	范　　围
NY/T 2973—2016			中心、甘肃亚盛绿鑫啤酒原料集团有限责任公司、华润雪花啤酒（中国）有限公司、新疆三宝乐农业科技开发有限公司、新疆玖玖农业生产有限公司、青岛市食品药品检测研究院		
NY/T 2974—2016		绿色食品　杂粮米	新疆农业科学院农业质量标准与检测技术研究所、农业部农产品质量监督检验测试中心（乌鲁木齐）、中国绿色食品发展中心、新疆维吾尔自治区农产品质量安全中心、内蒙古蒙清农业科技开发有限责任公司、内蒙古谷道粮原农产品有限责任公司	王成、张志华、冯婷、陈倩、郑伟华、曹双瑜、张红艳、刘河疆、赵子刚、王帅、玛依拉·赛吾尔丁、黄福星、鲁利春、杨莲	本标准规定了绿色食品杂粮米的术语和定义、要求、检验规则、标签、包装、运输和储存。 本标准适用于以各类绿色食品杂粮为原料，直接掺混后形成的杂粮米以及以杂粮为原料粉碎再加工后制成的杂粮米制品。

（续）

标准号	替代标准	标准名称	起草单位	主要起草人	范　围
NY/T 2977—2016		绿色食品　薏仁及薏仁粉	农业部稻米及制品质量监督检验测试中心、浙江省农产品质量安全中心、中国绿色食品发展中心、贵州省绿色食品发展中心、浙江省缙云县康莱特米仁发展有限公司、贵州薏仁集团	闵捷、陈倩、朱海平、张志华、孙成效、梁潇、张卫星、章林平、徐余兔、尤新、牟仁祥、邵雅芳、朱智伟	本标准规定了绿色食品薏仁及薏仁粉的术语和定义、要求、检验规则、标签、包装、运输和储存。 本标准适用于以绿色食品薏仁，包括带皮薏仁及纯薏仁粉。不适用于即食薏仁粉。
NY/T 2978—2016		绿色食品　稻谷	中国水稻研究所、农业部稻米及制品质量监督检验测试中心、浙江省农产品质量安全中心、中国绿色食品发展中心、仙居县农业局、仙居县新合股份合作农场	章林平、张志华、方丽槐、陈倩、周奶弟、牟仁祥、闵捷、张卫星、支建梁、俞荣火、朱智伟	本标准规定了绿色稻谷的要求、检验规则、标签、包装、运输和储存。 本标准适用于作为绿色食品稻米原料的稻谷。
NY/T 2979—2016		绿色食品　天然矿泉水	甘肃省分析测试中心、谱尼测试科技股份有限公司、中国绿色食品发展中心、甘肃省绿色食品办公室、天津和士美饮品科技有限公司、四川蓝剑蓥华山天然矿泉水有限公司	刘兰、范宁云、唐伟、刘宁、张志华、满润、罗炜、张会妮、李琪、王续程、顾敏、刘好、金丽琼、汪文琦、张凤娇	本标准规定了绿色食品天然矿泉水的术语和定义、产品分类、要求、检验规则、标签、包装、运输和储存。 本标准适用于绿色食品天然矿泉水，不适用于包装饮用水。

（续）

标准号	替代标准	标准名称	起草单位	主要起草人	范　　围
NY/T 2980—2016		绿色食品　包装饮用水	甘肃省分析测试中心、谱尼测试科技股份有限公司、中国绿色食品发展中心、甘肃省绿色食品办公室、天津雄关饮品有限公司	王续程、刘兰、张志华、宋薇、范宁云、李琪、顾敏、罗炜、张会妮、刘宁、刘好、满润、汪文琦、王莹	本标准规定了绿色食品包装饮用水的术语和定义、要求、检验规则、标签、包装、运输和储存。 本标准适用于直接饮用的绿色食品包装饮用水，不适用于饮用天然矿泉水、饮用纯净水和添加食品添加剂的包装饮用水。
NY/T 2981—2016		绿色食品　魔芋及其制品	四川省农业科学院质量标准与检测技术研究所、四川省农业科学院分析测试中心、农业部食品质量监督检验测试中心（成都）、中国绿色食品发展中心、四川省绿色食品发展中心、四川新星成明生物科技有限公司	郭灵安、唐伟、毛建霏、雷绍荣、闫志农、声晓凤、胡莉、钟伶俐、李曦、陶李、彭小明	本标准规定了绿色食品魔芋及其制品的术语和定义、要求、检验规则、标签、包装、运输和储存。 本标准适用于绿色食品魔芋及其制品（包括魔芋粉、魔芋膳食纤维和魔芋凝胶食品）。
NY/T 2982—2016		绿色食品　油菜籽	湖南省食品测试分析中心、中国绿色食品发展中心、道道全粮油股份有限公司、湖南盈成油脂工业有限公司	梁曾恩妮、李高阳、单扬、张志华、陈倩、熊巍林、尚雪波、张菊华、李绮丽、肖柯	本标准规定了绿色食品油菜籽的术语和定义、要求、检验规则、包装、运输和储存。 本标准适用于加工食用油的绿色食品油菜籽。

（续）

标准号	替代标准	标准名称	起草单位	主要起草人	范　围
NY/T 2983—2016		绿色食品　速冻水果	广东省农业科学院农产品公共监测中心、中绿华夏有机食品认证中心、农业部蔬菜水果质量监督检验测试中心（广州）、山东泰华食品股份有限公司	王富华、田岩、万凯、陈岩、赵晓丽、耿安静、张志华、陆莹、赵迪、马爱玲	本标准规定了绿色食品速冻水果的术语和定义、要求、检验规则、标签、包装、运输和储存。 本标准适用于绿色食品速冻水果。
NY/T 2984—2016		绿色食品　淀粉类蔬菜粉	广东省农业科学院农产品公共监测中心、中绿华夏有机食品认证中心、农业部蔬菜水果质量监督检验测试中心（广州）、张家口市燕北薯业开发有限公司	陈岩、杨慧、耿安静、赵晓丽、田岩、张志华、王旭、王富华、邹素敏、侯志臣	本标准规定了绿色食品淀粉类蔬菜粉的术语和定义、要求、检验规则、标签、包装、运输和储存。 本标准适用于绿色食品马铃薯全粉、红薯全粉、木薯全粉、葛根全粉、山药全粉、马蹄粉等淀粉类蔬菜粉。
NY/T 2985—2016		绿色食品　低聚糖	广东省农业科学院农产品公共监测中心、中国绿色食品发展中心、农业部蔬菜水果质量监督检验测试中心（广州）、山东省高唐蓝山集团总公司	陈岩、陈倩、刘香香、赵洁、杨慧、王富华、张志华、张楚薇、赵亚荣、许兰山、高剑	本标准规定了绿色食品低聚糖的术语和定义、分类、要求、检验规则、标签、包装、运输和储存。 本标准适用于绿色食品低聚糖，包括低聚葡萄糖、低聚麦芽糖、大豆低聚糖、棉子低聚糖等，不适用于低聚异麦芽糖、麦芽糊精。

（续）

标准号	替代标准	标准名称	起草单位	主要起草人	范　围
NY/T 2986—2016		绿色食品　糖果	四川省农业科学院质量标准与检测技术研究所、四川省农业科学院分析测试中心、农业部食品质量监督检验测试中心（成都）、中国绿色食品发展中心、黄老五食品股份有限公司、海南春光食品有限公司	杨晓凤、滕锦程、雷绍荣、郭灵安、邓彬、苏小东、陶李、李曦、代晓航、胡莉、黄小英、黄春光	本标准规定了绿色食品糖果的术语和定义、分类、要求、检验规则、标签、包装、运输和储存。 本标准适用于绿色食品硬质糖果类、酥质糖果类、焦香糖果类、凝胶糖果类、奶糖糖果类、充气糖果类和压片糖果类糖果。
NY/T 2987—2016		绿色食品　果醋饮料	四川省农业科学院质量标准与检测技术研究所、四川省农业科学院分析测试中心、农业部食品质量监督检验测试中心（成都）、中国绿色食品发展中心、四川省绿色食品发展中心、烟台金果源生物科技有限公司	杨晓凤、张志华、宫凤影、雷绍荣、郭灵安、周白娟、苏小东、陶李、李曦、代晓航、胡莉、吕平	本标准规定了绿色食品果醋饮料的术语和定义、要求、检验规则、标签、包装、运输和储存。 本标准适用于绿色食品果醋饮料。

（续）

标准号	替代标准	标准名称	起草单位	主要起草人	范　围
NY/T 2988—2016		绿色食品　湘式挤压糕点	湖南省食品测试分析中心、中国绿色食品发展中心、湖南省休闲食品协会、湖南省玉峰食品实业有限公司、湖南省翻天娃食品有限公司、湖南省旺辉食品有限公司、湖南省东旺食品有限公司、湖南省翔宇食品有限公司	李绮丽、李高阳、张菊华、张志华、陈倩、张玉东、尚雪波、梁曾恩妮、谭欢、李志坚、黄绿红、聂灿华、徐望辉、颜小冬、唐明辉	本标准规定了绿色食品湘式挤压糕点的术语和定义、要求、检验规则、标签、包装、运输和储存。 本标准适用于预包装的绿色食品湘式挤压类糕点。

8 转基因

标准号	替代标准	标准名称	起草单位	主要起草人	范围
农业部 2406 号公告—1—2016		农业转基因生物安全管理通用要求 实验室	农业部科技发展中心、中国农业科学院生物技术研究所、吉林省农业科学院	金芜军、刘培磊、宛煜嵩、徐琳杰、孙卓婧、李飞武、苗朝华、李亮	本标准规定了农业转基因生物实验室的设施条件和安全管理的基本要求。 本标准适用于涉及安全等级为Ⅰ级和Ⅱ级农业转基因生物操作的实验室。
农业部 2406 号公告—2—2016		农业转基因生物安全管理通用要求 温室	农业部科技发展中心、中国农业科学院生物技术研究所、吉林省农业科学院	金芜军、刘培磊、宛煜嵩、徐琳杰、孙卓婧、李飞武、苗朝华、李亮	本标准规定了农业转基因生物温室的设施条件和安全管理的基本要求。 本标准适用于涉及安全等级为Ⅰ级和Ⅱ级农业转基因生物操作的温室。
农业部 2406 号公告—3—2016		农业转基因生物安全管理通用要求 试验基地	农业部科技发展中心、中国农业科学院生物技术研究所、吉林省农业科学院	李飞武、刘培磊、李启云、徐琳杰、龙丽坤、金芜军、李葱葱、刘娜、夏蔚、邢珍娟	本标准规定了农业转基因生物试验基地的设施条件和安全管理的基本要求。 本标准适用于涉及安全等级为Ⅰ级和Ⅱ级农业转基因生物操作的试验基地。

（续）

标准号	替代标准	标准名称	起草单位	主要起草人	范围
农业部2406号公告—4—2016		转基因生物及其产品食用安全检测　蛋白质7d经口毒性试验	农业部科技发展中心、中国疾病预防控制中心营养与健康所、国家食品安全风险评估中心	杨晓光、宋贵文、徐海滨、朱莉、刘珊、杨丽琛、卓勤、贾旭东、李敏、张宇	本标准规定了转基因生物表达的外源目的蛋白质7d经口毒性试验的试验方法和技术要求。 本标准适用于人每日最大摄入量大于1mg/（kg·BW）的转基因生物表达的外源目的蛋白质的毒性试验。
农业部2406号公告—5—2016		转基因生物及其产品食用安全检测　外源蛋白质致敏性人血清酶联免疫试验	农业部科技发展中心、中国农业大学、中国疾病预防控制中心营养与健康所、北京大学第三医院、广州医学院	黄昆仑、李文龙、车会莲、宋贵文、贺晓云、杨晓光、周薇、卓勤、陶爱林、罗云波、许文涛、周催、毕源	本标准规定了采用酶联免疫吸附试验方法检测转基因生物外源基因表达的蛋白质致敏性的设计原则、指标测定和结果判定。 本标准适用于采用酶联免疫吸附试验方法检测转基因生物外源基因表达的蛋白质与人源性特异性IgE抗体结合能力。
农业部2406号公告—6—2016		转基因生物及其产品食用安全检测　营养素大鼠表观消化率试验	农业部科技发展中心、中国农业大学、中国疾病预防控制中心营养与健康所、天津市疾病预防控制中心	黄昆仑、沈平、杨晓光、尹全、王静、贺晓云、邹世颖、车会莲、许文涛、罗云波	本标准规定了农业转基因生物及其产品营养素的大鼠表观消化率试验的设计原则、测定指标和结果判定。 本标准适用于转基因生物及其产品营养素的大鼠表观消化率测定。

（续）

标准号	替代标准	标准名称	起草单位	主要起草人	范　　围
农业部2406号公告—7—2016		转基因动物及其产品食用安全检测　DNA提取和纯化	农业部科技发展中心、中国农业科学院北京畜牧兽医研究所	敖红、沈平、李奎、宋贵文、崔文涛、章秋艳、周荣、金芜军、陶聪、赵为民、黄素娟、甄二东	本标准规定了转基因动物及其产品中DNA提取和纯化的方法和技术要求。 本标准适用于转基因动物及其产品中DNA的提取和纯化。
农业部2406号公告—8—2016		转基因动物及其产品食用安全检测　人乳铁蛋白基因（*Hltf*）定性PCR方法	农业部科技发展中心、华中农业大学	刘榜、李文龙、陶晨雨、沈平、张庆德、金芜军、甄月然、付明	本标准规定了人乳铁蛋白基因（*Hltf*）的定性PCR检测方法。 本标准适用于转基因牛、羊、猪及其产品的人乳铁蛋白基因（*Hltf*）定性PCR检测。
农业部2406号公告—9—2016		转基因动物及其产品食用安全检测人α-乳清蛋白基因（*hLALBA*）定性PCR方法	农业部科技发展中心、华中农业大学	刘榜、李文龙、张庆德、宋贵文、陶晨雨、金芜军、甄月然、付明、章秋艳	本标准规定了人α-乳清蛋白基因（*hLALBA*）的定性PCR的检测方法。 本标准适用于转基因牛、羊、猪及其产品的人α-乳清蛋白基因（*hLALBA*）定性PCR检测。
农业部2406号公告—10—2016		转基因生物及其产品食用安全检测　蛋白质急性经口毒性试验	农业部科技发展中心、中国农业大学、国家食品安全风险评估中心	黄昆仑、宋贵文、徐海滨、赵欣、刘珊、贺晓云、车会莲、许文涛、罗云波	本标准规定了转基因生物外源基因表达蛋白质经口急性急性试验的设计原则、测定指标和结果判定。 本标准适用于转基因生物外源基因表达蛋白质经口急性急性试验。

9 职业技能鉴定

10 农产品加工

标准号	替代标准	标准名称	起草单位	主要起草人	范围
NY/T 708—2016	NY/T 708—2003	甘薯干	中国农业科学院农产品加工研究所、福建省农业厅农产品加工推广总站、福建省连城县农业局、福建省连城县红心地瓜干（集团）有限公司、福建省连城县农业局红心地瓜研究所、福建省连城县红心地瓜干协会	毕金峰、周林燕、木泰华、易建勇、陈芹芹、刘璇、陈井旺、吴昕烨、周沫、黄河、张仁雨、江仁福、张盛銮、杨永林、石小琼	本标准规定了甘薯干的术语和定义、分类、要求、试验方法、检验规则、标志、标签、包装、运输和储存。 本标准适用于切分型甘薯干和复合型甘薯干。
NY/T 2963—2016		薯类及薯制品名词术语	中国农业科学院农产品加工研究所、郑州精华实业有限公司、湖北三杰农业产业化有限公司、河南龙丰实业股份有限公司、河南天豫薯业股份有限公司	木泰华、陈井旺、孙红男、张苗、王彦波、孙云杰、姬利强、赵天学	本标准规定了薯类加工原料及薯类加工产品的术语。 本标准适用于薯类及相关行业生产、加工、流通和管理领域。

（续）

标准号	替代标准	标准名称	起草单位	主要起草人	范　　围
NY/T 2964—2016		鲜湿发酵米粉加工技术规范	中国农业科学院农产品加工研究所、湖南金健米业股份有限公司、中南林业科技大学	周素梅、佟立涛、林利忠、林亲录、刘也嘉、钟葵、刘丽娅、周闲容	本标准规定了鲜湿发酵米粉的术语和定义、分类、加工厂安全卫生管理要求、原辅料要求、主要工艺加工技术要求及标志、包装、运输、储存。 本标准适用于以籼米为主要原料，经发酵、磨浆、熟化等加工过程生产出来的高水分含量米粉产品。
NY/T 2965—2016		骨粉加工技术规程	中国农业科学院农产品加工研究所、甘肃农业大学、白象食品股份有限公司、山东悦一生物科技有限公司	张春晖、王金枝、贾伟、张德权、李侠、余群力、陈雪峰、白跃宇、刘真理、金凤	本标准规定了骨粉（糊）的定义、分类、加工厂卫生要求、原辅料要求及加工技术要求、包装与标签、标识、运输及储存等工序的加工技术要求。 本标准适用于以畜禽骨和鱼骨为原料生产的骨粉（糊）产品。
NY/T 2966—2016		枸杞干燥技术规范	农业部规划设计研究院、宁夏枸杞工程技术研究中心	刘清、师建芳、娄正、曹有龙、李笑光、赵玉强、史少然、何晓鹏、谢奇珍	本标准规定了枸杞干燥的术语和定义、基本要求、干燥技术要求、干燥成品质量及包装、运输和储存等。 本标准适用于采用热风烘房或隧道式干燥机等类型干燥设备（设施）干燥新鲜枸杞。

（续）

标准号	替代标准	标准名称	起草单位	主要起草人	范　围
NY/T 3026—2016	NY/T 3026—2006	鲜食浆果类水果采后预冷保鲜技术规程	农业部规划设计研究院	孙静、孙洁、王希卓、程勤阳、刘晓军、王萍、陈全、孙海亭、程方、沈瑾、叶俊松、庞中伟、高逢敬、郭淑珍	本标准规定了鲜食浆果类果品的术语和定义、基本要求、预冷和储藏。 本标准适用于葡萄、猕猴桃、草莓、蓝莓、蔓越莓、无花果、石榴、番石榴、醋栗、穗醋栗、杨桃、番木瓜、人心果等鲜食浆果类果品的采后预冷和储藏保鲜。

11 综合类

标准号	替代标准	标准名称	起草单位	主要起草人	范　围
SC/T 0006—2016		渔业统计调查规范	中国水产学会	赵文武、陈恩友、袁晓初、谢营梁、高宏泉、张月	本标准规定了渔业统计调查的术语和定义、统计调查的要求。 本标准适用于渔业人口、水产养殖面积、渔业船舶、水产苗种、水产品产量和水产品加工等指标的统计调查活动。
NY/T 2539—2016	NY/T 2539—2014	农村土地承包经营权确权登记数据库规范	农业部农村经济体制与经营管理司、农业部农村合作经济经营管理总站、农业部规划设计研究院	孙中华、潘显政、赵鲲、刘涛、胡华浪、李伟方、裴志远、郭琳、赵虎、易湘生、孙冠楠、张寅、赵春梅	本标准规定了农村土地（耕地等）承包经营确权登记数据库的内容、数据组织与管理、数据文件命名、数据交换格式和元数据等。 本标准适用于农村土地承包经营确权登记颁证过程中的确权登记数据库建设与数据交换。

（续）

标准号	替代标准	标准名称	起草单位	主要起草人	范围
NY/T 2949—2016		高标准农田建设技术规范	农业部规划设计研究院、全国农业技术推广服务中心、中国农业大学水利与土木工程学院、黑龙江农垦勘测设计研究院、中国灌溉排水发展中心、北京市世纪农丰土地科技 有限公司、新建兵团勘测设计院（集团）有限责任公司	赵跃龙、李树君、李向岭、彭世琪、杨培岭、连镜清、何艳秋、杜秀文、李红举、刘明、王健	本标准规定了高标准农田建设选址条件、规划、设计、施工、验收、管理、监测和评价等技术条件。 本标准适用于全国范围内高标准农田建设活动。
NY/T 2970—2016	NYJ/T 06—2005	连栋温室建设标准	农业部工程建设中心、农业部规划设计研究院	周长吉、蔡峰、张秋生、张月红、周磊、杜孝明、盛宝永、富建鲁、丁小明、魏晓明、闫俊月	本标准是编制、评估、审批连栋温室工程项目可行性研究报告的重要依据，也是有关部门审查连栋温室工程项目初步设计和监督检查项目建设的尺度。 本标准适用于以生产果蔬、苗木和花卉为主的连栋玻璃温室、连栋塑料温室的新建工程项目、改（扩）建工程、展销温室、科研教学温室、植物检疫隔离温室、光伏温室和单栋温室可参照执行。本标准不适用于日光温室和塑料大棚工程项目。

（续）

标准号	替代标准	标准名称	起草单位	主要起草人	范　围
NY/T 2972—2016	NYJ/T 06—2005	县级农村土地承包经营纠纷仲裁基础设施建设标准	农业部工程建设中心、农业部农村合作经济经营管理总站、青海省农牧业项目管理中心	俞宏军、刘玉萍、段彦敏、郭红霞、呼倩、刘海棠、李硕、张晓亚	本标准规定了县级农村土地承包经营纠纷调解仲裁基础设施建设水平。 本标准适用于农村土地承包仲裁基础设施的新建工程，改建、扩建工程参照执行。
NY/T 3025—2016		农业环境污染损害鉴定技术导则	农业部环境保护科研监测所、农业生态环境及农产品质量安全司法鉴定中心	王伟、沈跃、朱岩、郑向群、董如茵、强沥文	本标准规定了农业环境污染损害鉴定的原则、程序、资料收集、现场调查、因果关系鉴定及损失评估。 本标准适用于农业环境污染事故或农业环境污染突发事件引起的因果关系鉴定和损失评估；本标准不适用于农业环境污染事故或农业环境污染突发事件引起的人体健康伤害鉴定。
NY/T 3069—2016		农业野生植物自然保护区建设标准	农业部工程建设服务中心、中国农业科学院作物科学研究所、农业部规划设计研究院	杨庆文、刘东生	本标准规定了农业野生植物自然保护区建设的术语和定义、建设条件、土地规划和工程建设内容及规格。 本标准适用于国家农业野生植物自然保护区建设。

（续）

标准号	替代标准	标准名称	起草单位	主要起草人	范　围
NY/T 5010—2016		无公害农产品种植业产地环境要求	农业部环境保护科研监测所、农业部环境质量监督检测测试中心（天津）、农业部农产品质量安全中心、中国农业科学院农业资源与农业区划所	徐亚平、丁保华、廖超子、刘潇威、胡清秀、彭祎、罗铭、李军幸、王跃华	本标准规定了无公害农产品种植业产地环境质量要求、采样方法、检测方法和产地环境评价的技术要求。 本标准适用于无公害农产品（种植业产品）产地。

2017 年度

[最 新 农 业 国 家 行 业 标 准 名 录]

1 种植业

1.1 种子种苗

标准号	替代标准	标准名称	起草单位	主要起草人	范围
NY/T 3078—2017		隐性核雄性不育两系杂交棉制种技术规程	山东棉花研究中心、中国农业科学院棉花研究所、河北省邯郸市农业科学院	李汝忠、韩宗福、邢朝柱、郭立平、王宗文、马维军、王景会、申贵芳、孔凡金、邓永胜、段冰、赵军胜、陈莹	本标准规定了利用棉花隐性核雄性不育两系法生产棉花杂交一代种子的制种田选择、亲本种植与管理、杂交制种、采摘收购与加工储藏、亲本繁殖与保纯、制种企业要求。 本标准适用于黄河流域棉区和长江流域棉区利用棉花隐性核雄性不育两系法生产棉花杂交一代种子。西北内陆棉区可参照执行。
NY/T 3079—2017		质核互作雄性不育三系杂交棉制种技术规程	山东棉花研究中心、中国农业科学院棉花研究所、河北省邯郸市农业科学院	李汝忠、韩宗福、邢朝柱、马维军、王宗文、郭立平、孔凡金、邓永胜、王景会、申贵芳、段冰、赵军胜、陈莹	本标准规定了利用棉花质核互作雄性不育三系法生产棉花杂交一代种子的制种田选择、亲本种植与管理、杂交制种、采摘收购与加工储藏、亲本繁殖与保纯、制种企业要求。 本标准适用于黄河流域棉区和长江流域棉区利用质核互作雄性不育三系法生产棉花杂交一代种子。西北内陆棉区可参照执行。

（续）

标准号	替代标准	标准名称	起草单位	主要起草人	范　　围
NY/T 3131—2017		豆科牧草种子生产技术规程 红豆草	西北农林科技大学	程积民、金晶炜、杨培志、杨云贵	本标准规定了红豆草（*Onobrychis viciaefolia*）种子田的设置、整地要求、种子准备、播种技术、田间管理、种子收获和种子管理等环节的技术要点。 本标准适用于无国干旱、半干旱地区的红豆草种子生产。
NY/T 3171—2017		甜菜包衣种子	中国农业科学院甜菜研究所、黑龙江大学、农业部甜菜品质监督检验测试中心、农业部糖料产品质量安全风险评估试验室（哈尔滨）、内蒙古自治区农牧科学院特色作物所、新疆石河子农业科学研究院、赤峰绿璐种业有限公司	张福顺、吴玉梅、张惠忠、王维成、吴庆峰、林柏森	本标准规定了甜菜包衣种子的质量要求。 本标准适用于糖用甜菜、食用甜菜、饲用甜菜种子。
NY/T 3172—2017		甘蔗种苗脱毒技术规范	全国农业技术推广中心、农业部福建甘蔗生物学与遗传育种重点实验室、国家甘蔗工程技术研究中心	陈常兵、许莉萍、苏亚春、尚怀国、阙友雄、郭晋隆、高世武、方晓东、白岩、冷杨、王娟娟、王恒波、吴期滨	本标准规定了甘蔗种苗脱毒及其目标病原、各级脱毒种苗原种、基础种和生产用种的繁殖与管理及其质量要求。 本标准适用于甘蔗种苗脱毒、脱毒种苗的田间繁殖与质量监控。

（续）

标准号	替代标准	标准名称	起草单位	主要起草人	范　围
NY/T 3097—2017		北方水稻集中育秧设施建设标准	辽宁省农业工程研究设计院，黑龙江省农垦总局建三江农业科学研究所、辽宁省农业科学院水稻研究所	韩会雄、刘清华、刁一峰、蒋欢、周戬、陈曦、郑守诚、杨文、王辉、于英杰	本标准规定了我国北方水稻集中育秧设施建设的总则、建设规模与项目构成、选址与建设条件、工艺与设备、建设用地与规划布局、生产设施、辅助生产及公用配套设施、节能节水、环境保护与安全生产和主要技术及经济指标等方面的内容。

1.2　土壤与肥料

标准号	替代标准	标准名称	起草单位	主要起草人	范　围
NY/T 1109—2017	NY/T 1109—2006	微生物肥料生物安全通用技术准则	农业部微生物肥料和食用菌菌种质量监督检验测试中心、农业部微生物产品质量安全风险评估实验室（北京）、中国农业科学院农业资源与区划研究所	姜昕、李俊、曹凤明、马鸣超、关大伟、李力、葛一凡、杨小红、冯瑞华	本标准规定了微生物肥料生产用菌种安全性分级目录、不同菌种及产品选择毒理学试验的原则、程序、试验方法和结果评价方法。 本标准适用于中华人民共和国境内生产、销售的微生物肥料。

（续）

标准号	替代标准	标准名称	起草单位	主要起草人	范　　围
NY/T 3083—2017		农用微生物浓缩制剂	农业部微生物肥料和食用菌菌种质量监督检验测试中心、农业部微生物产品质量安全风险评估实验室（北京）、中国农业科学院农业资源与区划研究所	马鸣超、李俊、姜昕、沈德龙、曹凤明、关大伟、李力、杨小红、陈慧君、葛一凡、冯瑞华	本标准规定了农用微生物浓缩制剂的术语和定义、要求、试验方法、检验规则、包装、标识、运输和储存。 本标准适用于农用微生物浓缩制剂产品。
NY/T 3129—2017		棉隆土壤消毒技术规程	中国农业科学院植物保护研究所	曹坳程、王秋霞、王全辉、王开祥、张艳萍、李雄亚、李园、欧阳灿彬、颜冬冬、仇耀康、管大海	本标准规定了使用棉隆进行土壤消毒的术语和定义、基本要求、消毒前准备、消毒处理、消毒后管理以及注意事项。 本标准适用于为控制草莓、番茄、菊科和蔷薇科观赏花卉及姜等高附加值农作物连作障碍而进行的土壤消毒处理。
NY/T 3161—2017		有机肥料中砷、镉、铬、铅、汞、铜、锰、镍、锌、锶、钴的测定　微波消解-电感耦合等离子体质谱法	农业部农产品及转基因产品质量安全监督检验测试中心（杭州）	张永志、叶雪珠、肖文丹、孙彩霞、王钢军、王强、钱鸣蓉	本标准规定了有机肥料中砷（As）、镉（Cd）、铬（Cr）、铅（Pb）、汞（Hg）、铜（Cu）、锰（Mn）、镍（Ni）、锌（Zn）、锶（Sr）、钴（Co）的微波消解-电感耦合等离子体质谱法。 本标准适用于有机肥料中砷、镉、铬、铅、汞、铜、锰、镍、锌、锶、钴的测定。 本标准不适用于绿肥、农家肥和其他由农民自积自造的有机粪肥。

（续）

标准号	替代标准	标准名称	起草单位	主要起草人	范　　围
NY/T 3162—2017		肥料中黄腐酸的测定　容量滴定法	云南省农业科学院质量标准与检测技术研究所、农业部农产品质量监督检验测试中心（昆明）	汪禄祥、黎其万、严红梅、杜丽娟、樊建麟、王丽、杨东顺	本标准规定了肥料中黄腐酸含量的容量滴定测定方法。 本标准适用于肥料中黄腐酸含量的测定。
NY/T 3167—2017		有机肥中磺胺类药物含量的测定　液相色谱-串联质谱法	农业部农产品及转基因产品质量安全监督检验测试中心（杭州）、浙江省农业科学院环境资源与土壤肥料研究所、绿城农科检测技术有限公司	钱鸣蓉、杨华、汪建妹、章虎、马军伟、吉小凤、王强、肖英平、曾银欢	本标准规定了有机肥中磺胺醋酰、磺胺嘧啶、磺胺噻唑、磺胺吡啶、磺胺甲基嘧啶、磺胺二甲恶唑、磺胺-5-甲氧嘧啶、磺胺甲噻二唑、磺胺二甲嘧啶、磺胺甲氧哒嗪、磺胺氯哒嗪、磺胺甲恶唑、磺胺间甲氧嘧啶、磺胺异恶唑、磺胺邻二甲氧嘧啶、苯甲酰磺胺、磺胺苯吡唑、磺胺间二甲氧嘧啶、磺胺喹恶啉的液相色谱-串联质谱测定方法。 本标准适用于有机肥中上述19种磺胺类药物含量的测定。 磺胺醋酰、磺胺噻唑、磺胺甲噻二唑、磺胺氯哒嗪的检出限均为6μg/kg，定量限均为20μg/kg；其余15种磺胺类药物含量的检出限均为3μg/kg，定量限均为10μg/kg。

（续）

标准号	替代标准	标准名称	起草单位	主要起草人	范　　围
NY/T 3174—2017		水溶肥料　海藻酸含量的测定	中国农业科学院农业资源与农业区划研究所、中国海洋大学、中国农学会、中国植物营养与肥料学会、土壤肥料产业联盟、青岛海大生物集团有限公司、青岛明月蓝海生物科技有限公司、北京雷力海洋生物新产业股份有限公司、领先生物农业股份有限公司	王旭、王鹏、刘蜜、侯晓娜、王海华、孙又宁、保万魁、林茵、韩岩松、黄均明	本标准规定了水溶肥料海藻酸（褐藻酸）含量测定的间羟联苯分光光度法试验方法。 本标准适用于以海带、马尾藻、泡叶藻等褐藻为原料经生物、化学、物理提取加工而成的液体或固体水溶肥料。本法不适用于含硝酸根、腐植酸类物质及其他在比色过程中产生干扰的水溶肥料。
NY/T 3175—2017		水溶肥料　壳聚糖含量的测定	中国农业科学院农业资源与农业区划研究所、中国农学会、中国植物营养与肥料学会、土壤肥料产业联盟、北京雷力海洋生物新产业股份有限公司、青岛海大生物集团有限公司、青岛明月蓝海生物科技有限公司、领先生物农业股份有限公司	刘蜜、刘红芳、侯晓娜、韩岩松、黄均明、孙又宁、林茵	本标准规定了水溶肥料壳聚糖含量测定的高效液相色谱法和对二甲氨基苯甲醛分光光度法试验方法。 本标准适用于以虾蟹壳为原料经脱钙、脱蛋白、脱乙酰后降解而成的液体或固体水溶肥料。其中，高效液相色谱法不适用于含硝酸根干扰成分的水溶肥料；对二甲氨基苯甲醛分光光度法不适用于含硝酸根、铵根等干扰成分的水溶肥料。

1.3 植保与农药

标准号	替代标准	标准名称	起草单位	主要起草人	范围
NY/T 1464.63—2017		农药田间药效试验准则 第63部分：杀虫剂防治枸杞刺皮瘿螨	农业部农药检定所、新疆生产建设兵团农业技术推广总站	赵冰梅、何静、杨峻、李红、郭明程、朱春雨、曹艳	本部分规定了杀虫剂防治枸杞刺皮瘿螨（*Aculops lycii* Kuang）田间药效小区试验的方法和基本要求。 本部分适用于杀虫剂防治枸杞刺皮瘿螨的登记用田间药效小区试验及药效评价。
NY/T 1464.64—2017		农药田间药效试验准则 第64部分：杀菌剂防治五加科植物黑斑病	农业部农药检定所、吉林农业大学	高洁、张楠、陈长卿、卢宝慧、杨丽娜、袁善奎、陈立平	本部分规定了杀菌剂防治五加科植物黑斑病田间药效小区试验的试验条件、试验设计与安排、施药、调查、计算方法、结果与报告的编写。 本部分适用于包括人参黑斑病（*Alternaria panax* Whetzel）、西洋参黑斑病（*A. panax* Whetzel）和三七黑斑病（*A. teniuis*）登记用田间小区药效试验及评价，其他试验参照本部分执行。

（续）

标准号	替代标准	标准名称	起草单位	主要起草人	范　　围
NY/T 1464.65—2017		农药田间药效试验准则　第 65 部分：杀菌剂防治茭白锈病	农业部农药检定所、浙江省农药检定管理所	宋会鸣、张楠、徐勇、陈立平、黄雅俊、袁善奎、何静	本部分规定了杀菌剂防治茭白锈病（*Uromyces coronatus* Miyabeet Nishida）田间药效小区试验的方法和基本要求。 本部分适用于杀菌剂防治茭白锈病的登记用田间药效小区试验及药效评价。
NY/T 1464.66—2017		农药田间药效试验准则　第 66 部分：除草剂防治谷子田杂草	农业部农药检定所、黑龙江省农药管理检定站	金焕贵、张佳、陈亿兵、袁善奎、何静、马长山、聂东兴	本部分规定了除草剂防治谷子田杂草田间药效小区试验的方法和基本要求。 本部分适用于除草剂防治谷子田杂草的登记用田间药效小区试验及安全性评价。
NY/T 1464.67—2017		农药田间药效试验准则　第 67 部分：植物生长调节剂保鲜水果	农业部农药检定所、中国农业科学院植物保护研究所	杨峻、李香菊、崔海兰、何静、张佳、于惠林、聂东兴	本部分规定了植物生长调节剂保鲜水果田间药效小区试验的方法和要求。 本部分适用于植物生长调节剂采后保鲜水果的登记用田间药效小区试验及药效评价。

（续）

标准号	替代标准	标准名称	起草单位	主要起草人	范围
NY/T 1611—2017	NY/T 1611—2008	玉米螟测报技术规范	全国农业技术推广服务中心、山东省植物保护总站、河北省植保植检站	刘杰、姜玉英、曾娟、纪国强、刘莉、杨万海、王春荣、谈孝凤、张振铎、杨桦、魏新政、马晓静	本标准规定了玉米螟发生程度分级指标、越冬基数调查、越冬代化蛹和羽化进度调查、成虫数量调查、卵量调查、幼虫和作物被害情况调查、预报方法、测报资料收集、汇总和汇报等方面的技术方法。 本标准适用于玉米田玉米螟调查和预报。
NY/T 1859.9—2017		农药抗性风险评估　第9部分：蚜虫对新烟碱类杀虫剂抗性风险评估	农业部农药检定所、中国农业大学	杨峻、高希武、郭明程、汤秋伶、李芬、刘晓兰、夏文	本部分规定了农药登记用蚜虫对新烟碱类杀虫剂抗性风险评估的原则和要求。 本部分适用于新烟碱类药剂登记前或登记后在人为可控条件下对蚜虫类昆虫抗药性风险评估。
NY/T 1859.10—2017		农药抗性风险评估　第10部分：专性寄生病原真菌对杀菌剂抗性风险评估	农业部农药检定所、中国农业大学	刘西莉、何静、刘鹏飞、杨峻、黄中乔、陈立平、张灿	本部分规定了专性寄生病原真菌对杀菌剂抗性风险评估的基本要求、方法及抗药性风险的管理。 本部分适用于白粉菌、锈菌等专性寄生病原真菌对具有直接作用方式的杀菌剂抗性风险评估的农药登记试验。其他试验可参照本部分执行。

（续）

标准号	替代标准	标准名称	起草单位	主要起草人	范　　围
NY/T 1859.11—2017		农药抗性风险评估　第11部分：植物病原细菌对杀菌剂抗性风险评估	农业部农药检定所、南京农业大学	周明国、侯毅平、袁善奎、王建新、段亚冰、张楠、何静	本部分规定了植物病原细菌对杀菌剂抗性风险评估的基本要求、方法及抗药性风险的管理。 本部分适用于水稻白叶枯病菌、柑橘溃疡病菌等农作物和经济作物重要病原细菌对杀菌剂抗性风险评估的农药登记试验。其他试验可参照本部分执行。
NY/T 1859.12—2017		农药抗性风险评估　第12部分：小麦田杂草对除草剂抗性风险评估	农业部农药检定所、泰安市农业科学研究院、山东农业大学	路兴涛、杨峻、王金信、聂东兴、张佳、吴翠霞、何静	本部分规定了小麦田杂草对除草剂抗性风险评估的基本要求、方法及抗性风险的管理。 本部分适用于小麦田杂草对除草剂抗性风险评估的农药登记试验。小麦田杂草对除草剂的抗性监测、鉴定及治理可参照本部分执行。
NY/T 2882.8—2017		农药登记　环境风险评估指南　第8部分：土壤生物	农业部农药检定所、环境保护部南京环境科学研究所	姜锦林、曲甍甍、周军英、周艳明、程燕、姜辉、单正军	本部分规定了农药对土壤生物影响的风险评估原则、程序和方法。 本部分适用于为化学农药以有有效成分化学结构明确的生物源农药登记而进行的对土壤生物影响的风险评估。

（续）

标准号	替代标准	标准名称	起草单位	主要起草人	范　围
NY/T 3076—2017		外来入侵植物监测技术规程 大薸	中国农业科学院农业环境与可持续发展研究所、农业部农业生态与资源保护总站	付卫东、张国良、张宏斌、宋振、王忠辉、孙玉芳、张瑞海	本标准规定了对大薸进行调查、监测的程序和方法。 本标准适用于水库、湖泊、池塘、漂流等适生区生境开展对大薸的监测。 本标准适用于农业环境保护、水产养殖、交通运输等管理部门开展对大薸的调查和监测工作。
NY/T 3077—2017		少花蒺藜草综合防治技术规范	中国农业科学院农业环境与可持续发展研究所、农业部农业生态与资源保护总站、辽宁省农业环境保护监测站	张国良、付卫东、张宏斌、宋振、董淑萍、孙玉芳、张瑞海、王忠辉	本标准规定了少花蒺藜草的综合防治原则、策略和防治技术措施。 本标准适用于农业环境保护、植物保护、草原监理等部门对少花蒺藜草的综合防治。
NY/T 3080—2017		大白菜抗黑腐病鉴定技术规程	中国农业科学院蔬菜花卉研究所	杨宇红、谢丙炎、冯兰香、杨翠荣、茆振川、陈国华、凌键	本标准规定了大白菜抗黑腐病（*Xanthoonas campestris* pv. *campestris*）的鉴定方法和评价方法。 本标准适用于大白菜（*Brassica rapa* L. ssp. *pekinensis*）抗黑腐病的室内鉴定及抗性评价。

（续）

标准号	替代标准	标准名称	起草单位	主要起草人	范　　围
NY/T 3081—2017		番茄抗番茄黄化曲叶病毒鉴定技术规程	中国农业科学院蔬菜花卉研究所	谢丙炎、冯兰香、杨宇红、茆振川、陈国华、凌键、杨翠荣	本标准规定了番茄抗番茄黄化曲叶病毒（tomato yellow laef curl virus）的鉴定方法和评价方法。 本标准适用于所有番茄（*Solanum lycopersicum* L.）品种及材料抗番茄黄化曲叶病毒的室内鉴定及抗性评价。
NY/T 3085—2017		化学农药　意大利蜜蜂幼虫毒性试验准则	浙江省农业科学院农产品质量标准研究所	苍涛、陈丽萍、吴长兴、赵学平、吴迟、吴声敢、汤涛、徐明飞、蔡磊明、王强、胡秀卿、俞瑞鲜	本标准规定了意大利蜜蜂幼虫毒性试验的术语和定义、试验方法、数据处理、质量控制、试验报告的基本要求。 本标准适用于测试和评价化学农药对蜜蜂幼虫毒性试验，其他类型的农药可参照使用。 本标准不适用于易挥发和难溶解的化学农药。
NY/T 3087—2017		化学农药　家蚕慢性毒性试验准则	农业部农药检定所、山东农业大学	张燕、姜辉、王开运、乔康、赵旭、柳新菊、俞瑞鲜	本标准规定了化学农药对家蚕慢性毒性试验的材料、条件、方法、质量控制和试验报告的基本要求。 本标准适用于为化学农药登记而进行的家蚕慢性毒性试验，其他类型的农药可参照使用。 本标准不适用于易挥发和难溶解的化学农药。

（续）

标准号	替代标准	标准名称	起草单位	主要起草人	范　围
NY/T 3088—2017		化学农药　天敌（瓢虫）急性接触毒性试验准则	农业部农药检定所、山东农业大学	于彩虹、林荣华、薛明明、王晓军、程沈航、姜辉、隋靖怡	本标准规定了天敌瓢虫急性接触毒性试验的材料、条件、方法、质量控制、试验报告的基本要求。 本标准适用于为化学农药登记而进行的天敌瓢虫急性接触毒性试验，其他类型的农药可参照使用。 本标准不适用于易挥发和难溶解的化学农药。
NY/T 3089—2017		化学农药　青鳉一代繁殖延长试验准则	农业部农药检定所、浙江省农业科学院农产品质量标准研究所	吴长兴、曲甍甍、陈丽萍、陈朗、苍涛、李贤宾、蔡磊明	本标准规定了化学农药对青鳉一代繁殖延长试验的材料、条件、质量控制、试验报告的基本要求。 本标准适用于测试和评价化学农药对青鳉一代繁殖延长试验，其他类型的农药可参照使用。 本标准不适用于易挥发和难溶解的化学农药。
NY/T 3090—2017		化学农药　浮萍生长抑制试验准则	农业部农药检定所	周欣欣、张燕、刘学、瞿唯钢、宗照飞、马凌、郝身伟	本标准规定了浮萍生长抑制试验试验的试验原理、材料与条件、方法、质量控制、试验报告的基本要求。 本标准适用于为化学农药登记而进行的家浮萍生长抑制试验，其他类型的农药可参照使用。 本标准不适用于易挥发和难溶解的化学农药。

（续）

标准号	替代标准	标准名称	起草单位	主要起草人	范　　围
NY/T 3091—2017		化学农药　蚯蚓繁殖试验准则	农业部农药检定所、环境保护部南京环境科学研究所	姜锦林、曲甍甍、卜元卿、周欣欣、程燕、周艳明、单正军	本标准规定了蚯蚓繁殖试验的术语和定义、供试物信息、试验概述、试验方法、数据处理与分析、质量控制、试验报告等的基本要求。 本标准适用于为化学农药登记而进行的蚯蚓繁殖毒性试验，其他类型的农药可参照使用。 本标准不适用于挥发性的化学农药。本标准没有考虑供试物在试验期间可能发生的降解。如有必要，可在试验开始和结束时对试验体系中供试物浓度进行分析。
NY/T 3092—2017		化学农药　蜜蜂影响半田间试验准则	农业部农药检定所、湖南省植物保护研究所	陈昂、袁善奎、刘勇、姜辉、李瑞喆、曲甍甍、严清平	本标准规定了农药对蜜蜂影响半田间试验的试验条件、蜂群管理、方法、质量控制、统计分析及试验报告等基本要求。 本标准适用于为化学农药对蜜蜂影响的半田间试验，其他类型的农药可参照使用。 本标准不适用于易挥发和难溶解的化学农药。

（续）

标准号	替代标准	标准名称	起草单位	主要起草人	范　　围
NY/T 3093.1—2017		昆虫化学信息物质产品田间药效试验准则　第1部分：昆虫性信息素诱杀农业害虫	农业部农药检定所、北京市农林科学院植物保护环境保护研究所、浙江大学	杨峻、郭晓军、杜永均、袁善奎、聂东兴、李姝、王泽华	本部分规定了昆虫性信息素诱杀农业害虫田间药效试验的方法和基本要求。 本部分适用于昆虫性信息素诱杀农业害虫的登记用田间药效试验及药效评价。
NY/T 3093.2—2017		昆虫化学信息物质产品田间药效试验准则　第2部分：昆虫性迷向素防治农业害虫	农业部农药检定所、北京市农林科学院植物保护环境保护研究所、浙江大学	袁善奎、杜永均、杨峻、聂东兴、李姝、王泽华	本部分规定了昆虫性迷向素防治农业害虫田间药效试验的方法和基本要求。 本部分适用于昆虫性迷向素防治农业害虫的登记用田间药效试验及药效评价。
NY/T 3093.3—2017		昆虫化学信息物质产品田间药效试验准则　第3部分：昆虫性迷向素防治梨小食心虫	农业部农药检定所、北京市农林科学院植物保护环境保护研究所、浙江大学、江苏省农药检定所	郭晓军、袁善奎、杜永均、沈迎春、杨峻、李姝、钱忠海	本部分规定了昆虫性迷向素防治梨小食心虫（*Grapholithamolesta*）田间药效试验的方法和基本要求。 本部分适用于昆虫性迷向素防治梨小食心虫（*Grapholithamolesta*）的登记用田间药效试验及药效评价。

（续）

标准号	替代标准	标准名称	起草单位	主要起草人	范　　围
NY/T 3094—2017		植物源性农产品中农药残留储藏稳定性试验准则	农业部农药检定所	李富根、龚勇、简秋、朱光艳、郑尊涛、穆兰、秦冬梅、叶贵标、徐军、刘新刚、廖先骏、杨志富	本标准规定了植物源性农产品中农药残留储藏稳定性试验的基本原则、方法和技术要求。 本标准适用于农药登记中的农药残留储藏稳定性试验。
NY/T 3095—2017		加工农产品中农药残留试验准则	农业部农药检定所	简秋、朱光艳、李富根、龚勇、秦冬梅、郑尊涛、穆兰、单炜力、董丰收、焦必宁、周力、张志勇、付启明	本标准规定了加工农产品中农药残留试验的方法和技术要求。 本标准适用于农药登记中的加工农产品农药残留试验。
NY/T 3096—2017		农作物中农药代谢试验准则	农业部农药检定所	简秋、郑尊涛、李富根、穆兰、朱光艳、叶庆富、龚勇、秦冬梅、叶贵标、赵金浩、廖先骏、王璞	本标准规定了农作物中农药代谢试验的基本原则、方法和技术要求。 本标准适用于农药登记中的农药代谢试验。
NY/T 3114.1—2017		大豆抗病虫性鉴定技术规范 第1部分：大豆抗花叶病毒病鉴定技术规范	吉林省农业科学院	晋齐鸣、张伟、苏前富、宋淑云、李红、孟玲敏、贾娇、王永志	本部分规定了大豆抗花叶病毒病鉴定技术方法和抗性评价标准。 本部分适用于各种大豆种质资源对大豆花叶病毒病抗性的人工接种鉴定及评价。

（续）

标准号	替代标准	标准名称	起草单位	主要起草人	范　　围
NY/T 3114.2—2017		大豆抗病虫性鉴定技术规范 第2部分：大豆抗灰斑病鉴定技术规范	吉林省农业科学院	晋齐鸣、张伟、苏前富、宋淑云、李红、孟玲敏、贾娇	本部分规定了大豆抗灰斑病鉴定技术方法和抗性评价标准。 本部分适用于各种大豆种质资源对大豆灰斑病抗性的田间人工接种鉴定及评价。
NY/T 3114.3—2017		大豆抗病虫性鉴定技术规范 第3部分：大豆抗霜霉病鉴定技术规范	吉林省农业科学院	晋齐鸣、张伟、苏前富、宋淑云、李红、孟玲敏、贾娇	本部分规定了大豆抗霜霉病鉴定技术方法和抗性评价标准。 本部分适用于各种大豆种质资源对大豆霜霉病抗性的田间人工接种鉴定及评价。
NY/T 3114.4—2017		大豆抗病虫性鉴定技术规范 第4部分：大豆抗细菌性斑点病鉴定技术规范	吉林省农业科学院	晋齐鸣、张伟、苏前富、宋淑云、李红、孟玲敏、贾娇	本部分规定了大豆抗细菌性斑点病鉴定技术方法和抗性评价标准。 本部分适用于各种大豆种质资源对大豆细菌性斑点病抗性的田间人工接种鉴定及评价。
NY/T 3114.5—2017		大豆抗病虫性鉴定技术规范 第5部分：大豆抗大豆蚜鉴定技术规范	吉林省农业科学院	晋齐鸣、张伟、苏前富、宋淑云、李红、孟玲敏、贾娇、高月波	本部分规定了大豆抗大豆蚜鉴定技术方法和抗性评价标准。 本部分适用于各种大豆种质资源对大豆蚜的人工接虫鉴定及评价。

（续）

标准号	替代标准	标准名称	起草单位	主要起草人	范　　围
NY/T 3114.6—2017		大豆抗病虫性鉴定技术规范 第6部分：大豆抗食心虫鉴定技术规范	吉林省农业科学院	晋齐鸣、张伟、苏前富、宋淑云、李红、孟玲敏、贾娇、高月波	本部分规定了大豆抗食心虫鉴定技术方法和抗性评价标准。 本部分适用于各种大豆种质资源对大豆食心虫的人工接虫鉴定及评价。
NY/T 3148—2017		农药室外模拟水生态系统（中宇宙）试验准则	农业部农药检定所、沈阳化工研究院安全评价中心	陈朗、曲甍甍、赵榆、林荣华、杨海荣、姜辉、丁琦	本标准规定了农药室外模拟水生态系统（中宇宙）试验材料与条件、试验设计与操作、质量控制、数据处理、试验报告等环节的基本要求。 本标准适用于室外静态淡水生态（中宇宙）系统或小型自然生态系统中的封闭围隔，不适用于室内、实验室微宇宙，以及流动系统。
NY/T 3149—2017		化学农药　旱田田间消散试验准则	农业部农药检定所、中国农业科学院植物保护研究所	刘新刚、周艳明、吴小虎、曲甍甍、陈超、瞿唯钢、郑永权	本标准规定了化学农药旱田田间消散试验的供试物信息、田间试验小区设计、试验步骤、试验材料与条件、试验设计与操作、数据分析、质量控制、试验报告等的基本要求。 本标准适用于为化学农药登记而进行的旱田田间消散试验。

（续）

标准号	替代标准	标准名称	起草单位	主要起草人	范　围
NY/T 3150—2017		农药登记　环境降解动力学评估及计算指南	农业部农药检定所	周艳明、曲甍甍、周欣欣、姜辉、瞿唯钢、张燕、黄健	本标准规定了化学农药在土壤、水和水-沉积物系统中降解动力学的评估及计算方法。 本标准适用于化学农药登记及其代谢物在土壤、水和水-沉积物系统中降解动力学的评估和计算。
NY/T 3151—2017		农药登记　土壤和水中化学农药分析方法建立和验证指南	农业部农药检定所、浙江省农业科学院农产品质量标准研究所	何红梅、周艳明、张春荣、曲甍甍、吴珉、刘学、蔡磊明	本标准规定了土壤和水中化学农药母体及其主要代谢物分析方法建立和验证的基本要求。 本标准适用于为化学农药登记而开展的土壤和水中化学农药分析方法的建立和验证。
NY/T 3152.1—2017		微生物农药　环境风险评价试验准则　第1部分：鸟类毒性试验	农业部农药检定所、环境保护部南京环境科学研究所	程燕、曲甍甍、卜元卿、周艳明、张俊、吴声敢、单正军	本部分规定了微生物农药对鸟类毒性试验的材料、条件、试验操作、质量控制、试验报告等的基本要求。 本部分适用于微生物农药登记而进行的鸟类毒性试验。

（续）

标准号	替代标准	标准名称	起草单位	主要起草人	范　　围
NY/T 3152.2—2017		微生物农药环境风险评价试验准则　第2部分：蜜蜂毒性试验	农业部农药检定所、环境保护部南京环境科学研究所	卜元卿、姜辉、王宏伟、周欣欣、程燕、何明远、周军英	本部分规定了微生物农药对蜜蜂毒性试验的材料、条件、试验操作、质量控制、试验报告等的基本要求。 本部分适用于微生物农药登记而进行的蜜蜂毒性试验。
NY/T 3152.3—2017		微生物农药环境风险评价试验准则　第3部分：家蚕毒性试验	农业部农药检定所、环境保护部南京环境科学研究所	姜辉、卜元卿、杨鸿鹏、周欣欣、王宏伟、宋伟华、单正军	本部分规定了微生物农药对家蚕毒性试验的材料、条件、试验操作、质量控制、试验报告等的基本要求。 本部分适用于微生物农药登记而进行的家蚕毒性试验。
NY/T 3152.4—2017		微生物农药环境风险评价试验准则　第4部分：鱼类毒性试验	农业部农药检定所、环境保护部南京环境科学研究所	曲甍甍、卜元卿、田丰、周艳明、续卫利、瞿唯钢、姜锦林	本部分规定了微生物农药对鱼类毒性试验的材料、条件、试验操作、质量控制、试验报告等的基本要求。 本部分适用于微生物农药登记而进行的鱼类毒性试验。

（续）

标准号	替代标准	标准名称	起草单位	主要起草人	范　围
NY/T 3152.5—2017		微生物农药环境风险评价试验准则　第5部分：溞类毒性试验	农业部农药检定所、环境保护部南京环境科学研究所	谭丽超、周艳明、卜元卿、续卫利、姜辉、陈朗、田丰	本部分规定了微生物农药对溞类毒性试验的材料、条件、试验操作、质量控制、试验报告等的基本要求。 本部分适用于微生物农药登记而进行的溞类毒性试验。
NY/T 3152.6—2017		微生物农药环境风险评价试验准则　第6部分：藻类生长影响试验	农业部农药检定所、环境保护部南京环境科学研究所	周欣欣、卜元卿、周军英、曲甍甍、姜锦林、杨鸿波、续卫利	本部分规定了微生物农药对藻类生长影响试验的材料、条件、试验操作、质量控制、试验报告等的基本要求。 本部分适用于微生物农药登记而进行的藻类生长影响试验。
NY/T 3155—2017		蜜柑大实蝇监测规范	全国农业技术推广服务中心、云南省植保植检站、昭通市植保植检站、云南大学	冯晓东、李燕、杨毅娟、王晓亮、罗萍、刘慧、刘晓飞、李咏梅、李庆红	本标准规定了蜜柑大实蝇 *Bactrocera*（*Tetradacus*）*tsuneonis*（Miyake）的监测区域、监测时间、监测方法、分级标准等内容。 本标准适用于农药施用过程中相关操作人员的健康风险评估。

（续）

标准号	替代标准	标准名称	起草单位	主要起草人	范　围
NY/T 3156—2017		玉米茎腐病防治技术规程	山东省农业科学院玉米研究所、山东省农业科学院植物保护研究所、山东农业大学植物保护学院	贾曦、李向东、李长松、田延平、王璐、刘振林、殷复伟、王伟	本标准规定了玉米茎腐病的术语和定义、防治原则、防治方法的技术要求。 本标准适用于由镰刀菌和腐霉菌引起的玉米茎腐病的防治。
NY/T 3157—2017		水稻细菌性条斑病监测规范	全国农业技术推广服务中心、江苏省植保植检站、南京农业大学	李潇楠、龚伟荣、胡白石、秦萌、胡婕、刘凤权、朱莉、闫硕	本标准规定了水稻细菌性条斑病［rice bacterial leaf streak，病原为 *Xanthomonas oryzae* pv. *oryzicola* (Fang et al.) Swings et al.］的监测作物、监测区域、监测时期、监测方法和监测报告等。 本标准适用于水稻细菌性条斑病的田间监测。
NY/T 3158—2017		二点委夜蛾测报技术规范	全国农业技术推广服务中心、河北省植保植检站、山东省植物保护总站	刘杰、姜玉英、刘莉、纪国强、邱坤、徐永伟、叶少锋	本标准规定了二点委夜色蛾主害代（即二代）在夏玉米田发生危害情况的预测预报方法，其中包括发生程度分级指标、成虫诱测、幼虫系统调查、幼虫及其危害普查、越冬虫源普查、预报方法、测报资料整理和汇报。 本标准适用于二点委夜色蛾的调查和预报。

（续）

标准号	替代标准	标准名称	起草单位	主要起草人	范　围
NY/T 3159—2017		水稻白背飞虱抗药性监测技术规程	全国农业技术推广服务中心、南京农业大学、广西农业科学院水稻研究所	张帅、高聪芬、龙丽萍、吴顺凡、张巍、凌炎	本标准规定了稻茎浸渍法对水稻白背飞虱［*Sogatella furcifera* (Horvath)］抗药性的监测方法。 本标准适用于水稻白背飞虱对常用杀虫剂的抗药性监测。
NY/T 3166—2017		家蚕质型多角体病毒检测　实时荧光定量PCR法	江苏科技大学、中国农业科学院蚕业研究所、农业部蚕桑产业产品质量监督检验测试中心（镇江）、苏州大学、西南大学、华南农业大学	吴萍、郭锡杰、陈涛、贡成良、潘敏慧、李龙、孙京臣	本标准规定了家蚕质型多角体病毒（Bombyx mori cytoplasmic polyhedrosis virus）的实时荧光定量PCR检测方法。 本标准适用于家蚕中肠组织中家蚕质型多角体病毒的检测。
NY/T 3169—2017		杏病虫害防治技术规程	新疆维吾尔自治区优质农产品产销服务中心、新疆农业大学	廖康、努尔斯曼、古丽米热·阿不都秀库尔、徐方媛、孙栋、杨蕾蕾、居来提、王平、林星辉、李亚利、王磊	本标准规定了杏园的主要病虫害防治原则及策略、主要病虫害防治方法。 本标准适用于全国杏栽培区。

1.4 粮油作物及产品

标准号	替代标准	标准名称	起草单位	主要起草人	范围
NY/T 83—2017	NY/T 83—1988	米质测定方法	中国水稻研究所、农业部稻米及制品质量监督检验测试中心	段彬伍、朱智伟、方长云、孙成效、何小嫣、陈能、闵捷、卢林、于永红	本标准规定了稻米品质的测定方法。 本标准适用于稻米品质的测定，不适用于稻米制品测定。
NY/T 3086—2017		长江流域薯区甘薯生产技术规程	浙江省农业科学院、浙江省农业厅、浙江省农业技术推广中心、新疆绿色食品发展中心、杭州市植保土肥总站	吴声敢、赵学平、蔡仁祥、杨桂玲、吴早贵、杨玲、王强、虞铁俊、徐明飞、王京文、虞冰、吴列洪、季爱兰、柳新菊、安雪花、吕露、关文碧	本标准规定了甘薯［*Pomoea batatas*（L.）Lam.］生产育苗、整地起垄、栽插、田间管理、病虫草害防治、采收、分级包装、储藏及生产档案等要求。 本标准适用于长江流域范围内的四川、重庆、贵州、湖北、湖南、江西、浙江等省（直辖市），以及云南北部、安徽和江苏南部地区等地甘薯的生产。
NY/T 3100—2017		马铃薯主食产品　分类和术语	中国农业科学院农产品加工研究所、陕西金中昌信农业科技有限公司、甘肃巨鹏清真食品股份有限公司、秦皇岛原滋味食品有限公司、中粮五谷道场食品有限公司	张泓、胡宏海、戴小枫、张雪、刘倩楠、张春江、黄峰、张良、田芳、李冲、张琇灵、孙建军、王海晖	本标准规定了马铃薯主食产品的分类和术语。 本标准适用于马铃薯主食产品的加工、贸易。

（续）

标准号	替代标准	标准名称	起草单位	主要起草人	范　　围
NY/T 3105—2017		植物油料含油量测定　近红外光谱法	中国农业科学院油料作物研究所、农业部油料产品质量安全风险评估实验室（武汉）、农业部油料及制品质量监督检验测试中心、江苏省农业科学院	李培武、张良晓、王督、丁小霞、张文、高建琴、张奇、姜俊	本标准规定了植物油含油量的近红外光谱测定方法。 本标准适用于油菜、花生、大豆、芝麻等植物油料含油量的测定。 本标准方法不适用于仲裁检验。
NY/T 3106—2017		花生黄曲霉毒素检测抽样技术规程	中国农业科学院油料作物研究所、农业部油料产品质量安全风险评估实验室（武汉）、农业部农产品质量安全风险评估实验室（济南）、农业部农产品质量安全风险评估实验室（郑州）	丁小霞、喻理、姜俊、周海燕、李培武、赵善仓、刘继红、白艺珍、陈琳、王督	本标准规定了花生黄曲霉毒素检测的抽样方法。 本标准适用于生产环节花生黄曲霉毒素检测的样品抽取。
NY/T 3107—2017		玉米中黄曲霉毒素预防和减控技术规程	中国农业科学院油料作物研究所、农业部油料产品质量安全风险评估实验室（武汉）、农业部油料及制品质量监督检验测试中心	李培武、白艺珍、喻理、张奇、马飞、岳晓凤	本标准规定了玉米生产、运输、储藏与加工过程中黄曲霉毒素污染控制的技术及要求。 本标准适用于玉米生产、运输、储藏与加工过程中黄曲霉毒素污染控制。

（续）

标准号	替代标准	标准名称	起草单位	主要起草人	范　　围
NY/T 3108—2017		小麦中玉米赤霉烯酮类毒素预防和减控技术规程	中国农业科学院油料作物研究所、农业部油料产品质量安全风险评估实验室（武汉）、农业部油料及制品质量监督检验测试中心	李培武、岳晓凤、白艺珍、喻理、张奇、马飞、张文、丁小霞、周海燕	本标准规定了小麦生产、收获、运输、储藏与加工过程中玉米赤霉烯酮类毒素污染控制的技术及要求。 本标准适用于小麦生产、收获、运输、储藏与加工过程中玉米赤霉烯酮类毒素污染控制。
NY/T 3109—2017		植物油脂中辣椒素的测定　免疫分析法	中国农业科学院油料作物研究所、农业部油料产品质量安全风险评估实验室（武汉）、农业部油料及制品质量监督检验测试中心	李培武、张兆威、王督、张奇、马飞、张文、张良晓、唐晓倩、喻理	本标准规定了植物油脂中辣椒素的测定方法。本标准适用于植物油脂中辣椒素的测定。 本标准第一法为时间分辨荧光免疫层析法，定量检出限为 0.50μg/kg。 本标准第二法为酶联免疫吸附法，定量检出限为 0.30μg/kg。 本标准第三法为胶体金法，定性检出限为 2.00μg/kg。
NY/T 3110—2017		植物油料中全谱脂肪酸的测定　气相色谱-质谱法	中国农业科学院油料作物研究所、农业部油料产品质量安全风险评估实验室（武汉）、农业部油料及制品质量监督检验测试中心	李培武、张良晓、汪雪芳、马飞、姜俊、喻理	本标准规定了油料中脂肪酸组成的测定方法。 本标准适用于油料中全谱脂肪酸的测定。

（续）

标准号	替代标准	标准名称	起草单位	主要起草人	范　围
NY/T 3111—2017		植物油中甾醇含量的测定　气相色谱-质谱法	中国农业科学院油料作物研究所、河南科技大学、农业部油料产品质量安全风险评估实验室（武汉）、农业部油料及制品质量监督检验测试中心	李培武、徐宝成、张良晓、王秀嫔、张文、胡小风	本标准规定了采用气相色谱-质谱法测定植物油中甾醇组成及含量的方法。 本标准适用于植物油中甾醇含量的测定。
NY/T 3112—2017		植物油中异黄酮的测定　液相色谱-串联质谱法	中国农业科学院油料作物研究所、农业部油料产品质量安全风险评估实验室（武汉）、农业部油料及制品质量监督检验测试中心	李培武、马飞、王秀嫔、张文、汪雪芳、喻理、胡小风	本标准规定了植物油中异黄酮含量的测定方法。 本标准适用于植物油中大豆黄酮苷、染料木苷、大豆黄酮、染料木素标准 4 种异黄酮含量的测定。 本标准方法大豆黄酮苷、染料木苷、大豆黄酮、染料木素的检出限均为 0.3μg/kg。
NY/T 3113—2017		植物油中香草酸等 6 种多酚的测定　液相色谱-串联质谱法	中国农业科学院油料作物研究所、农业部油料产品质量安全风险评估实验室（武汉）、农业部油料及制品质量监督检验测试中心	李培武、马飞、张文、张良晓、姜俊、喻理、汪雪芳	本标准规定了植物油中多酚含量的测定方法。 本标准适用于植物油中香草酸、咖啡酸、表儿茶素、芥子酸、阿魏酸、肉桂酸的测定。 本标准方法香草酸、咖啡酸、表儿茶素、芥子酸、阿魏酸、肉桂酸的检出限均为 0.4μg/kg。

（续）

标准号	替代标准	标准名称	起草单位	主要起草人	范　　围
NY/T 3160—2017		黄淮海地区麦后花生免耕覆秸精播技术规程	全国农业技术推广服务中心、河北省农林科学院粮油作物研究所、东北农业大学、河北省农业技术推广总站、山东农业技术推广总站、河南省经济作物推广站	王积军、宋亚辉、刘芳、陈四龙、李玉荣、陈海涛、纪文义、汤松、韩鹏、任春玲、曾英松、程增书、王瑾、贾新旺、王红霞、王子强	本标准规定了麦后花生免耕覆秸精播技术的术语和定义、基础条件、播前准备、播种时间、播种、田间管理、收获。 本标准适用于黄淮海地区小麦-花生一年两作区花生生产。
NY/T 3163—2017		稻米中可溶性葡萄糖、果糖、蔗糖、棉籽糖和麦芽糖的测定　离子色谱法	中国水稻研究所、农业部稻米及制品质量监督检验测试中心、中国计量大学	胡贤巧、陈铭学、方长云、段彬伍、朱敏、邵雅芳、卢林、朱智伟	本标准规定了稻米中可溶性葡萄糖、果糖、蔗糖、棉籽糖和麦芽糖的离子色谱-电化学检测方法。 本标准适用于大米、糙米中葡萄糖、果糖、蔗糖、棉籽糖和麦芽糖5种可溶性糖的测定。
NY/T 3164—2017		黑米花色苷的测定　高效液相色谱法	中国水稻研究所、农业部稻米及制品质量监督检验测试中心	邵雅芳、扈战强、段彬伍、于永红、方长云、胡贤巧、卢林、朱智伟	本标准规定了黑米中矢车菊素-3-*O*-葡萄糖苷和芍药素-3-*O*-葡萄糖苷2种花色苷的高效液相色谱检测法。 本标准适用于黑米中矢车菊素-3-*O*-葡萄糖苷和芍药素-3-*O*-葡萄糖苷的测定。 矢车菊素-3-*O*-葡萄糖苷和芍药素-3-*O*-葡萄糖苷2种花色苷的检出限均为0.10mg/kg，定量限均为0.40mg/kg。

（续）

标准号	替代标准	标准名称	起草单位	主要起草人	范　围
NY/T 3176—2017		稻米镉控制田间生产技术规范	中国水稻研究所、中国农业科学院农业质量标准与检测技术研究所、农业部环境保护科研监测所、农业部农产品质量安全环境因子风险评估实验室（成都）、农业部农产品质量安全环境因子风险评估实验室（长沙）、湖南农业大学、浙江省瑞安市农林局、江西省安吉市农业科学研究所、贵州省毕节市农业科学研究所、广西壮族自治区河池市农业科学研究所	张卫星、王敏、刘仲齐、代天飞、唐昆、毛雪飞、朱智伟、唐启源、卢明和、郭龙平、张时龙、梁仁敏、张长波、苏光麟、佘本勋、郑晓微、黄敏、叶永印、曹赵云、郑永敏	本标准规定了稻米镉控制的田间生产基本要求与技术方法。 本标准适用于不同污染风险区通过源头控制、土壤调理、品种选用、水肥管理和土壤改良等田间生产技术控制稻米中的镉含量。

1.5 经济作物及产品

标准号	替代标准	标准名称	起草单位	主要起草人	范围
NY/T 1189—2017	NY/T 1189—2006	柑橘储藏	华中农业大学、中国农业科学院柑桔研究所、湖南省农业科学院园艺研究所、江西省赣州市柑橘科学研究所、湖北省当阳市农业局	程运江、龙超安、王日葵、仆范文、马兆成、陈兆星、曾云流、黄先彪	本标准规定了柑橘储藏的术语和定义、柑橘储藏用果的质量要求、采收要求、防腐保鲜、包装、储藏环境条件、库房管理、入库管理、出库方法和试验方法。 本标准适用于甜橙类、橘类、柑类、柚类、柠檬、杂柑等柑橘类水果的储藏。
NY/T 1767—2017	NY/T 1767—2009	甜菜栽培技术规程	中国农业科学院种甜菜研究所、黑龙江大学、农业部甜菜品质监督检验测试中心、农业部糖料产品质量安全风险评估试验室（哈尔滨）、内蒙古农业科学院特色作物研究所、新疆农业科学院经济作物研究所	周芹、刘乃新、吴玉梅、张玉霜、苏文斌、杨洪泽、张福顺	本标准规定了糖用甜菜栽培技术规程。 本标准适用于甜菜种植区域内甜菜的直播栽培。

（续）

标准号	替代标准	标准名称	起草单位	主要起草人	范　　围
NY/T 3082—2017		水果、蔬菜及其制品中叶绿素含量的测定　分光光度法	中国农业科学院果树研究所、农业部果品及苗木质量监督检验测试中心（兴城）	聂继云、闫震、程杨、关棣锴、李志霞	本标准规定了分光光度法测定水果、蔬菜及其制品中叶绿素含量的方法。 本标准适用于水果、蔬菜及其制品中叶绿素 a 含量、叶绿素 b 含量和叶绿素总含量的测定。 本标准方法中叶绿素 a 的线性范围为 0.004mg/g～0.018mg/g，叶绿素 b 的线性范围为 0.005mg/g～0.020mg/g。
NY/T 3084—2017		西北内陆棉区机采棉生产技术规程	中国农业科学院棉花研究所、新疆农垦科学院、安徽中棉种业长江有限责任公司	王延琴、彭军、严根土、周大云、匡猛、马磊、方丹、徐双娇、蔡忠民、周亚立、周关印、马艳、杨伟华	本标准规定了机采棉的术语与定义、品种和种子、棉田选择、播前选择、播种、水肥管理、病虫害防治、化学调控、打顶、脱叶催熟、机械采收、残膜清除。 本标准适用于西北内陆棉区。
NY/T 3098—2017		加工用桃	中国农业科学院农产品加工研究所、中国农业科学院果树研究所、中国农业科学院郑州果树研究所、山东玉泉食品有限公司	刘璇、毕金峰、周林燕、王力荣、聂继云、易建勇、吴昕烨、周沫、陈芹芹、吕健、孟祥山、孟春玲	本标准规定了加工用桃的术语与定义、要求、检验方法、检验规则及包装、运输、储存。 本标准适用于桃罐头、桃汁（浆）和桃干的加工用桃。

（续）

标准号	替代标准	标准名称	起草单位	主要起草人	范　围
NY/T 3099—2017		桂圆加工技术规范	广东省农业科学院蚕业与农产品加工研究所	肖更生、徐玉娟、温靖、吴继军、唐道邦、林羡、安可婧	本标准规定了桂圆加工技术规范的术语与定义、要求、标签与包装、储存与运输、召回。 本标准适用于以新鲜龙眼为原料，经剪枝和分选后，采用干燥工艺（热风干燥或热泵干燥，但不局限于热风干燥或热泵干燥），未经糖渍处理，不添加食品添加剂制得桂圆的生产加工。
NY/T 3102—2017		枇杷储藏技术规范	浙江省农业科学院质量标准研究所［农业部农产品及转基因产品质量安全监督检验测试中心（杭州）］、浙江省农业科学院园艺研究所	徐丽红、张玉、陈俊伟、赵钰燕、王强、吴延军、王小骊、王钫、陈建文、王建清、吕捷	本标准规定了枇杷果实的采收，采后的分级、预冷，入库前准备，储藏技术，包装，运输等要求。 本标准适用于鲜食枇杷的储藏。
NY/T 3103—2017		加工用葡萄	中国农业科学院郑州果树研究所、哈密市林果业技术推广中心	焦中高、张春岭、刘杰超、刘慧、刘崇怀、王思新、高启明、潘建强	本标准规定了加工用葡萄的术语和定义、要求、检验方法及标识、包装、运输。 本标准适用于酿酒、制干用葡萄。

（续）

标准号	替代标准	标准名称	起草单位	主要起草人	范　围
NY/T 3104—2017		仁果类水果（苹果和梨）采后预冷技术规范	农业部规划设计研究院、中国农业科学院质量标准与检测技术研究所	孙静、沈瑾、张子德、刘晓军、郑床木、赵丛枝、杨晓光、李夫庆	本标准规定了仁果类水果（苹果和梨）采后预冷技术的术语和定义、基本要求、入库、预冷、出库。 本标准适用于仁果类水果（苹果和梨）采后预冷。
NY/T 3115—2017		富硒大蒜	海东市农业技术推广站、农业部农产品质量安全监督检验测试中心（西宁）、青海宏恩科技有限公司	刘兵、金青龙、严生德、马长文、马国业、刘丽、张建生、冯丽荣、肖景林、肖远灿、潘丽君、陈青华、李玉萍、李顺善、何海福、李明、瞿慧萍、崔文彦、刘伟、马本霞、陈青华、扎西卓玛、王先青、许小燕、包铭泰、黄振荣、马玉金、柳红、马希文、郑惠普、李生军、晏婷、毛继红、郎忠礼、赵海鑫、朱安香、王增文、李建奎、徐文瑾、景慧、张优良、张沐诗	本标准规定了富硒大蒜的质量要求、检验方法、检验规则、标签标识、包装、储存和运输要求。 本标准适用于富硒大蒜的购销。

（续）

标准号	替代标准	标准名称	起草单位	主要起草人	范　围
NY/T 3116—2017		富硒马铃薯	海东市农业技术推广站、农业部农产品质量安全监督检验测试中心（西宁）、青海宏恩科技有限公司	刘兵、金青龙、严生德、马长文、马国业、刘丽、张建生、冯丽荣、肖景林、肖远灿、潘丽君、陈青华、李玉萍、李顺善、何海福、李明、瞿慧萍、崔文彦、马希文、王伟晶、景慧、扎西卓玛、王先青、许小燕、包铭泰、黄振荣、马玉金、柳红、李生军、李茸、毛继红、晏婷、赵海鑫、王增文、李建奎、高斌、张连云、金岳鹏、郭有才、汤旭锋、刘国波、喇中孝、詹江雪	本标准规定了富硒马铃薯的质量要求、检验方法、检验规则、标签标识、包装、储存和运输要求。 本标准适用于富硒马铃薯的购销。
NY/T 3117—2017		杏鲍菇工厂化生产技术规程	上海市农业科学院食用菌研究所	李玉、周峰、谭琦、李正鹏、李巧珍、于海龙、郭力刚	本标准规定了瓶栽杏鲍菇工厂化生产的产地环境、栽培原料、设施与设备、栽培管理、病虫害防控、预冷与包装、储存、运输等技术要求。 本标准适用于瓶栽杏鲍菇（*Pleurotus eryngii*，学名刺芹侧耳）的工厂化生产。

（续）

标准号	替代标准	标准名称	起草单位	主要起草人	范　围
NY/T 3165—2017		红（黄）麻水溶物、果胶、半纤维素和粗纤维的测定　滤袋法	中国农业科学院麻类研究所（农业部麻类产品质量监督检验测试中心）	杨喜爱、肖爱平、冷鹏、廖丽萍、刘亮亮、李德芳、黄思齐	本标准规定了用滤袋检测红（黄）麻水溶物、果胶、半纤维素和粗纤维的试验方法。 本标准适用于红（黄）麻水溶物、果胶、半纤维素和粗纤维的测定。
NY/T 3168—2017		茶叶良好农业规范	农业部优质农产品开发服务中心、中国农业科学院茶叶研究所、四川省园艺作物技术推广总站、浙江省安吉县农业局、福建省福鼎市茶业管理局、湖南省安化县茶业局	李清泽、傅尚文、段新友、杜维春、李建兵、程玉龙、路馨丹、苗阳、杨云燕、林喜盈、陈贤玉、徐建辉、陈辉球、程华娟	本标准规定了茶叶生产的组织管理、质量安全管理、种植操作、鲜叶采收、茶叶加工、储藏与运输等技术要求。 本标准适用于有一定组织形式的茶树种植和茶叶加工。
NY/T 3170—2017		香菇中香菇素含量的测定　气相色谱-质谱联用法	农业部食用菌产品质量监督检验测试中心（上海）、上海市农业科学院农产品质量标准与检测技术研究所	周昌艳、白冰、周佳欣、唐庆九、邢增涛、邵毅、刘海燕	本标准规定了香菇中香菇素[*Lentinula edodes*（Berk.）Pegler]含量的气相色谱-质谱测定方法。 本标准适用于香菇中香菇素含量的测定。 本标准方法的检出限为 0.1mg/kg，定量检测范围为 0.25mg/kg～20.0mg/kg。

（续）

标准号	替代标准	标准名称	起草单位	主要起草人	范围
NY/T 3173—2017		茶叶中9，10-蒽醌含量测定气相色谱-串联质谱法	中国农业科学院茶叶研究所	陈宗懋、周利、罗逢健、张新忠、楼正云、孙荷芝、汪煊	本标准规定了茶叶中9，10-蒽醌含量的气相色谱-串联质谱检测方法。 本标准适用于茶叶中9，10-蒽醌含量的测定。 本标准的定量限为0.02mg/kg。

2 畜牧兽医

2.1 动物检疫、兽医与疫病防治、畜禽场环境

标准号	替代标准	标准名称	起草单位	主要起草人	范　　围
NY/T 536—2017	NY/T 536—2002	鸡伤寒和鸡白痢诊断技术	中国兽医药品监察所	康凯、李伟杰、陈小云、赵耘、岂晓鑫、张敏	本标准规定了鸡伤寒和鸡白痢诊断的技术要求。 本标准所规定的临床诊断和实验室诊断适用于各种日龄鸡的鸡沙门菌和雏沙门菌感染的诊断。其中，PCR方法可用于鸡沙门菌和雏沙门菌的鉴别，全血平板凝集试验适用于成年鸡的鸡沙门菌和雏沙门菌抗体的检测。本标准也可用于鸡伤寒和鸡白痢的流行病学调查和健康鸡群监测。
NY/T 539—2017	NY/T 539—2002	副结核病诊断技术	中国动物卫生与流行病学中心、吉林农业大学	张喜悦、姜秀云、高云航、徐凤宇、范伟兴、孙明军、王伟利、巩红霞、田莉莉、王岩、赵宏涛	本标准规定了副结核病的诊断技术。 本标准的病原分离鉴定、组织病理学和粪便显微镜检查适用于临床病例的确诊；ELISA和琼脂扩散试验适用于感染率的流行病学调查以及免疫后个体或群体免疫状态的监测；变态反应试验适用于免疫状态的监测。 各种诊断方法的适用性见附录A。

（续）

标准号	替代标准	标准名称	起草单位	主要起草人	范　围
NY/T 551—2017	NY/T 551—2002	鸡产蛋下降综合征诊断技术	中国农业科学院哈尔滨兽医研究所	刘胜旺、李慧昕、韩宗玺、王娟、邵昱昊	本标准规定了鸡产蛋下降综合征的临床诊断和实验室诊断（病毒分离、血凝和血凝抑制试验及 PCR 检测方法）的技术方法和实验程序。 本标准适用于鸡产蛋下降综合征的诊断、监测和检疫。
NY/T 567—2017	NY/T 567—2002	兔出血性败血症诊断技术	中国农业科学院哈尔滨兽医研究所、江苏省农业科学院兽医研究所、山东农业科学院家禽研究所	曲连东、郭东春、王芳、刘家森、刘春国、范志宇、黄兵	本标准规定了兔出血性败血症（兔巴氏杆菌病）临床诊断和实验室诊断技术要求。 本标准适用于兔出血性败血症流行病学调查、诊断、检疫以及病原的荚膜分型。
NY/T 1186—2017	NY/T 1186—2006	猪支原体肺炎诊断技术	江苏省农业科学院兽医研究所、中国动物卫生与流行病学中心、西北农林科技大学	邵国青、冯志新、刘茂军、熊祺琰、张磊、郑增忍、张彦明、白昀、王海燕、武昱孜、韦艳娜、刘蓓蓓、甘源、华利忠、王丽、张衍海、王娟	本标准规定了猪支原体肺炎临床诊断、实验室病原学诊断与血清学诊断的技术要求。 本标准适用于猪支原体肺炎人工发病和临床病例的诊断、疫苗免疫效果的确定以及猪场内该病的净化监测。

（续）

标准号	替代标准	标准名称	起草单位	主要起草人	范　围
NY/T 1471—2017	NY/T 1471—2007	牛毛滴虫病诊断技术	南京农业大学、中国动物卫生与流行病学中心	李祥瑞、徐立新、严若峰、宋小凯、郑增忍	本标准规定了牛毛滴虫病的病原显微镜检查技术和聚合酶链反应（PCR）扩增虫体 DNA 的检测方法。 本标准适用于牛毛滴虫病的诊断。
NY/T 3072—2017		禽结核病诊断技术	中国兽医药品监察所	朱良全、丁家波、蒋卉、毛开荣、彭小薇、王楠、徐磊、张磊	本标准规定了禽结核病临床诊断、病原分离与鉴定、病原核酸检测及免疫学检测的诊断技术方法和试验程序。 本标准适用于禽结核病的诊断、监测和检疫。
NY/T 3073—2017		家畜魏氏梭菌病诊断技术	山东大学、中国动物卫生与流行病学中心、青岛康大集团公司	柴同杰、李卫华、郭梦妖、蔡玉梅、韦良孟、王海荣、马连营、李明勇、刘曼	本标准规定了家畜魏氏梭菌病诊断技术。 本标准适用于家畜魏氏梭菌病的临床诊断、实验室诊断、检验检疫、监测及流行病学调查等。
NY/T 3074—2017		牛流行热诊断技术	中国农业科学院兰州兽医研究所	郑福英、殷宏、刘永生、宫晓炜、陈启伟、高闪电	本标准规定了牛流行热的临床诊断和实验室诊断的技术要求。 本标准适用于牛流行热的诊断。

（续）

标准号	替代标准	标准名称	起草单位	主要起草人	范　　围
NY/T 3075—2017		畜禽养殖场消毒技术	中国动物卫生与流行病学中心、中国动物疫病预防控制中心	孙淑芳、王媛媛、宋晓晖、刘陆世、魏荣、王肖肖、庞素芬、宋健德	本标准规定了畜禽养殖场不同生产环节的消毒技术。 本标准适用于畜禽养殖场的消毒。
NY/T 5339—2017		无公害农产品　畜禽防疫准则	中国动物卫生与流行病学中心、农业部农产品质量安全中心、中国动物疫病预防控制中心	孙淑芳、刘陆世、廖超子、王媛媛、魏荣、张锋、王岩、宋晓晖、肖肖、曲志娜	本标准规定了生产无公害农产品的畜禽饲养场防疫基本条件、畜禽引入防疫要求、饲养管理防疫要求、疫病监测、预防免疫及控制扑灭、无害化处理要求以及畜禽标识与防疫档案要求等方面的防疫准则。 本标准适用于生产无公害农产品的畜禽饲养场实施动物疫病预防与控制。

2.2　兽药、畜牧兽医用机械

2.3　屠宰加工

2.4 畜禽及其产品

标准号	替代标准	标准名称	起草单位	主要起草人	范　围
NY/T 3101—2017		肉制品中红曲色素的测定 高效液相色谱法	农业部肉及肉制品质量监督检验测试中心（江西省农业科学院农产品质量与标准研究所）、江西省知识产权服务中心	胡丽芳、董秋洪、周瑶敏、储怡士、李伟红、李瑞丽、魏爱花、尹德凤	本标准规定了肉制品中红斑经曲胺、红曲玉红胺、红曲素、红斑红曲素和红曲玉红素含量的高效液相色谱测定方法。 本标准适用于熏煮火腿类、灌肠类、熏烤鸡鸭类、酱鸭类和腌腊类肉制品中红斑红曲胺、红曲玉红胺、红曲素、红斑红曲素和红曲玉红素含量的测定。 本标准方法检出限为 0.18mg/kg，定量限为 0.5mg/kg。
NY/T 3130—2017		生乳中 L-羟脯氨酸的测定	中国农业科学院北京畜牧兽医研究所、农业部奶产品质量安全风险评估实验室（北京）、安徽农业大学、青岛农业大学、安徽省农业科学院畜牧兽医研究所	郑楠、叶巧燕、文芳、李松励、许晓敏、刘萍、甄云鹏、屈雪寅、杨永新、韩荣伟、程建波、张养东、王加启	本标准规定了生乳中 L-羟脯氨酸的测定方法。 本标准适用于生乳中 L-羟脯氨酸的测定。 本标准检出限为 30 mg/L。

（续）

标准号	替代标准	标准名称	起草单位	主要起草人	范　　围
NY/T 3132—2017		绍兴鸭	浙江省农业科学院、诸暨市国伟禽业发展有限公司、浙江省畜牧技术推广总站、绍兴市绍鸭原种场	卢立志、李国勤、陶争荣、徐小钦、麻延峰、陈黎、李柳萌、宋美娥、沈军达、田勇、曾涛、刘雅丽、阮胜刚、黄学涛、冯佩诗、徐坚	本标准规定了绍兴鸭的原产地和品种特性、体型外貌、成年体重和体尺、生产性能、蛋品质及测定方法。 本标准适用于绍兴鸭。
NY/T 3134—2017		萨福克羊种羊	全国畜牧总站、新疆维吾尔自治区畜牧业质量标准研究所	赵小丽、郑文新、高维明、宫平、邢巍婷、陶卫东、王乐、许艳丽、魏佩玲、吕雪峰、何茜、乌兰、采复拉、胡波、叶尔兰、张敏、师帅、赛迪古丽、帕娜尔、徐方野	本标准规定了萨福克羊种羊品种来源及分布、外貌特征、生产性能、等级评定有生产性能测定方法等内容。 本标准适用于萨福克羊种羊的鉴定及评定。

2.5 畜禽饲料与添加剂

标准号	替代标准	标准名称	起草单位	主要起草人	范围
NY/T 915—2017	NY/T 915—2004	饲料原料 水解羽毛粉	山东新希望六和集团有限公司、中国饲料工业协会	王黎文、郭吉原、荣佳、刘士杰、朱正鹏、张雅惠、姜晓霞、李然	本标准规定了饲料原料水解羽毛粉的要求、试验方法、检验规则及标签、包装、储存、运输和保质期要求。 本标准适用于以新鲜、无变质、无污染的家禽羽毛为原料，经水解（酶解、酸解、碱解、高温高压水解）、干燥、粉碎获得的饲料原料水解羽毛粉。
NY/T 3133—2017		饲用灌木微贮技术规程	内蒙古草原勘察规划院、内蒙古农牧业科学院、云南省草山饲料工作站、内蒙古乌兰察布市草原工作站	张大柱、金海、刘爱军、薛树媛、邢旗、郭艳玲、王志伟、王跃东、吉亚太、王庆国、于强、李克夫、张喜再	本标准规定了饲用灌木的微贮技术要求、微贮操作、发酵温度与时间、品质鉴定、开封与取用。 本标准适用于饲用灌木的微贮，也可供农作物秸秆微贮时参考。
NY/T 3135—2017		饲料原料 干啤酒糟	广东海大集团股份有限公司、中国饲料工业协会	沙玉圣、钱雪桥、武玉波、姜瑞丽、张雅惠、甄恕綦、卞国志、陈华林、黄家明、赵敏	本标准规定了饲料原料干啤酒糟的要求、试验方法、检验规则及产品的标签、包装、运输、储存和保质期要求。 本标准适用于以大麦等谷物为主要生产原料生产啤酒的过程中，经糖化工艺后过滤获得的残渣，再经干燥获得的饲料原料干啤酒糟。

（续）

标准号	替代标准	标准名称	起草单位	主要起草人	范　　围
NY/T 3136—2017		饲用调味剂中香兰素、乙基香兰素、肉桂醛、桃醛、乙酸异戊酯、γ-壬内酯、肉桂酸甲酯、大茴香脑的测定 气相色谱法	山东省饲料质量检验所	李会荣、宫玲玲、张玮、朱良智、莫贞峰、冯鑫磊、李祥明	本标准规定了饲用调味剂中香兰素、乙基香兰素、肉桂醛、桃醛、乙酸异戊酯、γ-壬内酯、肉桂酸甲酯、大茴香脑测定的气相色谱法。 本标准适用于饲用调味剂中香兰素、乙基香兰素、肉桂醛、桃醛、乙酸异戊酯、γ-壬内酯、肉桂酸甲酯、大茴香脑的测定。 本标准方法的检出限为 25mg/kg，定量限为 50mg/kg。
NY/T 3137—2017		饲料中香芹酚和百里香酚的测定 气相色谱法	上海市农业科学院农产品质量标准与检测技术研究所、上海市饲料质量监督检验站	赵志辉、董茂锋、杨海锋、韩薇、白冰、饶钦雄	本标准规定了饲料中香芹酚和百里香酚测定的气相色谱检测法。 本标准适用于配合饲料、浓缩饲料、添加剂预混合饲料、混合型饲料添加剂中香芹酚和百里酚的测定。 本标准方法中香芹酚和百里香的定量限均为 5mg/kg。
NY/T 3138—2017		饲料中艾司唑仑的测定 高效液相色谱法	农业部饲料质量监督检验测试中心（广州）	肖田安、方秋华、廖雁平、江庆娣、陈运勤、伍宏凯、胡苑玲	本标准规定了饲料中艾司唑仑测定的高效液相色谱法。 本标准适用于配合饲料、浓缩饲料、添加剂预混合饲料以及精料补充料中艾司唑仑的测定。 本标准中艾司唑仑的检出限为 0.10mg/kg，定量限为 0.25mg/kg。

（续）

标准号	替代标准	标准名称	起草单位	主要起草人	范　　围
NY/T 3139—2017		饲料中左旋咪唑的测定　高效液相色谱法	农业部饲料质量监督检验测试中心（广州）	林海丹、吴荔琴、廖雁平、江庆娣、陈运勤、伍宏凯、邓国东	本标准规定了饲料中左旋咪唑含量测定的高效液相色谱法。 本标准适用于配合饲料、浓缩饲料、添加剂预混合饲料以及精料补充料中左旋咪唑的测定。 本标准中左旋咪唑在配合饲料中的的检出限为 0.2mg/kg，定量限为 0.5mg/kg；在浓缩饲料、精料补充料、添加剂预混合饲料中的检出限为 0.4mg/kg，定量限为 1.0mg/kg。
NY/T 3140—2017		饲料中苯乙醇胺 A 的测定　高效液相色谱法	农业部饲料质量监督检验测试中心（成都）	张静、赵立军、程传民、陈红、高庆军、王宇萍、李云	本标准规定了饲料中苯乙醇胺 A 的高效液相色谱测定法。 本标准适用于配合饲料、浓缩饲料、添加剂预混合饲料以及精料补充料中苯乙醇胺 A 的测定。 本标准方法的检出限为 1.0mg/kg，定量限为 2.0mg/kg。
NY/T 3141—2017		饲料中 2,6-二甲基-3,5-二乙酯基-1,4-二氢吡啶的测定　液相色谱-串联质谱法	农业部饲料质量监督检验测试中心（成都）	赵立军、张静、李宏、林顺全、廖峰、曾晓芳、魏敏、李云	本标准规定了饲料中 2,6-二甲基-3,5-二乙酯基-1,4-二氢吡啶含量测定的液相色谱-串联质谱法。 本标准适用于配合饲料、浓缩饲料、添加剂预混合饲料以及精料补充料中 2,6-二甲基-3,5-二乙酯基-1,4-二氢吡啶的测定。 本标准方法的检出限为 0.1mg/kg，定量限为 0.5mg/kg。

（续）

标准号	替代标准	标准名称	起草单位	主要起草人	范　　围
NY/T 3142—2017		饲料中溴吡斯的明的测定　液相色谱-串联质谱法	广东省农业科学院农产品公共监测中心	何绮霞、王威利、张展、续倩、吴维煇、林雪贤、殷秋妙	本标准规定了饲料中溴吡斯的明含量测定的液相色谱-串联质谱法。 本标准适用于配合饲料、浓缩饲料、添加剂预混合饲料以及精料补充料中溴吡斯的明的测定。 本标准方法的检出限为 1μg/kg，定量限为 2μg/kg。
NY/T 3144—2017		饲料原料　血液制品中 18 种 β-受体激动剂的测定　液相色谱-串联质谱法	中国农业科学院农业质量标准与检测技术研究所［国家饲料质量监督检验中心(北京)］	索德成、王培龙、李阳、王瑞国、苏晓鸥、樊霞、周炜、冯三令、李宏	本标准规定了饲料原料血液制品中 18 种 β-受体激动剂测定的液相色谱-串联质谱法。 本标准适用于血球蛋白粉、水解血粉、血球蛋白粉、血粉、发酵血粉中克仑特罗（Clenbuterol）、沙丁胺醇（Salbutamol）、莱克多巴胺（Ractopamine）、齐帕特罗（Zilpaterol）、氯丙那林（Clorprenaline）、特布他林（Terbutaline）、西马特罗（Cimatrol）、西布特罗（Cimbuterol）、马布特罗（Mabuterol）、溴布特罗（Brombuterol）、班布特罗（Bambuterol）、克仑普罗（Clenproperol）、妥布特罗（Tulobuterol）、利托君（Ritodrine）、沙美特罗（Salmeterol）、福莫特罗

（续）

标准号	替代标准	标准名称	起草单位	主要起草人	范围
NY/T 3144—2017					（Formoterol）、苯乙醇胺 A（Phenylethanolamine A）18 种 β-受体激动剂的测定。 本标准方法检出限为 1μg/kg，定量限为 5μg/kg。
NY/T 3145—2017		饲料中 22 种 β-受体激动剂的测定　液相色谱-串联质谱法	中国农业科学院农业质量标准与检测技术研究所［国家饲料质量监督检验中心（北京）］	王培龙、索德成、李阳、王瑞国、程劼、张苏、赵根龙、苏晓鸥、李宏、周炜、冯三令、黄士新	本标准规定了饲料中 22 种 β-受体激动剂含量测定的液相色谱-串联质谱法。 本标准适用于配合饲料、浓缩饲料、添加剂预混合饲料及精料补充料中克仑特罗（Clenbuterol）、沙丁胺醇（Salbutamol）、莱克多巴胺（Ractopamine）、齐帕特罗（Zilpaterol）、氯丙那林（Clorprenaline）、特布他林（Terbutaline）、西马特罗（Cimatrol）、西布特罗（Cimbuterol）、马布特罗（Mabuterol）、溴布特罗（Brombuterol）、班布特罗（Bambuterol）、克仑普罗（Clenproperol）、妥布特罗（Tulobuterol）、利托君（Ritodrine）、沙美特罗（Salmeterol）、喷布特罗（Penbuterol）、马喷特罗（Mapenterol）、福莫特罗

（续）

标准号	替代标准	标准名称	起草单位	主要起草人	范　　围
NY/T 3145—2017					(Formoterol)、苯乙醇胺 A（Phenylethanolamine A）、异克舒令（Isoxsuprine）、克仑塞罗（Clencyclohexerol）、拉贝特罗（Labetalol）22 种 β-受体激动剂的测定。 本标准方法检出限为 1μg/kg，定量限为 5μg/kg。
NY/T 3146—2017		动物尿液中 22 种 β-受体激动剂的测定　液相色谱-串联质谱法	中国农业科学院农业质量标准与检测技术研究所［国家饲料质量监督检验中心（北京）］	王培龙、索德成、范理、王瑞国、李阳、张维、宋荣、张苏、苏晓鸥、李宏、周炜、冯三令、耿士伟、黄士新	本标准规定了动物尿液中 22 种 β-受体激动剂含量测定的液相色谱-串联质谱法。 本标准适用于配合饲料、浓缩饲料、添加剂预混合饲料及精料补充料猪尿液、牛尿液和羊尿液中中克仑特罗（Clenbuterol）、沙丁胺醇（Salbutamol）、莱克多巴胺（Ractopamine）、齐帕特罗（Zilpaterol）、氯丙那林（Clorprenaline）、特布他林（Terbutaline）、西马特罗（Cimatrol）、西布特罗（Cimbuterol）、马布特罗（Mabuterol）、溴布特罗（Brombuterol）、班布特罗（Bambuterol）、克仑普罗（Clenproperol）、妥布特罗（Tulobuterol）、利托君

（续）

标准号	替代标准	标准名称	起草单位	主要起草人	范　围
NY/T 3146—2017					(Ritodrine)、沙美特罗（Salmeterol)、喷布特罗（Penbuterol)、马喷特罗（Mapenterol)、福莫特罗(Formoterol)、苯乙醇胺 A（Phenylethanolamine A)、异克舒令(Isoxsuprine)、克仑塞罗（Clencyclohexerol)、拉贝特罗（Labetalol) 22 种 β-受体激动剂的测定。 本标准方法检出限为 0.1μg/kg，定量限为 0.2μg/kg。
NY/T 3147—2017		饲料中肾上腺素和异丙肾上腺素的测定　液相色谱-串联质谱法	农业部饲料质量监督检验测试中心（成都）	索德成、魏书林、王培龙、李阳、王瑞国、苏晓鸥、樊霞、李宏、周炜、冯三令	本标准规定了饲料中饲料中肾上腺素（epinephrine）和异丙肾上腺素（isoprinosine）含量测定的液相色谱-串联质谱法。 本标准适用于配合饲料、浓缩饲料、添加剂预混合饲料以及精料补充料中肾上腺素和异丙肾上腺素的测定。 肾上腺素检出限为 10μg/kg，定量限为 20μg/kg；异丙肾上腺素检出限为 5μg/kg，定量限为 10μg/kg。

3 渔业

3.1 水产养殖

标准号	替代标准	标准名称	起草单位	主要起草人	范围
SC/T 1135.1—2017		稻渔综合种养技术规范 第1部分：通则	全国水产技术推广总站、上海海洋大学、浙江大学、湖北省水产技术推广总站、浙江省水产技术推广总站、中国水稻研究所	朱泽闻、李可心、陈欣、成永旭、王浩、肖放、马达文、何中央、唐建军、金千瑜、王祖峰、李嘉尧	本标准规定了稻渔综合种养的术语和定义、技术指标、技术要求和技术评价。 本标准适用于稻渔综合种养的技术规范制定、技术性能评估和综合效益评价。
SC/T 2074—2017		刺参繁育与养殖技术规范	中国水产科学研究院黄海水产研究所、大连海洋大学、大连市海洋渔业协会、大连壹桥海洋苗业股份有限公司、大连棒棰岛海产股份有限公司	谭杰、孙慧玲、宋坚、张岩、张天时、燕敬平、于东祥、徐志宽、迟飞跃、吴岩强	本标准规定了刺参［*Apostichopus japonicus*（Selenka，1867）］的苗种繁育、池塘养殖、底播养殖和筏式吊笼养殖的技术和要求。 本标准适用于刺参的人工繁育及养成。
SC/T 2075—2017		中国对虾繁育技术规范	中国水产科学研究院黄海水产研究所	张天时、王清印、谭杰、李素红、赵法箴	本标准规定了中国对虾［*Fennero-penaeus chinensis*（Osbeck，1765）］繁育的环境条件，亲虾越冬和培育，人工繁育，虾苗出池及运输的技术要求。 本标准适用于中国对虾的人工繁育。

(续)

标准号	替代标准	标准名称	起草单位	主要起草人	范　　围
SC/T 2076—2017		钝吻黄盖鲽亲鱼和苗种	中国水产科学研究院黄海水产研究所、威海市环翠区海洋与渔业研究所、威海圣航水产科技有限公司	张岩、肖永双、张天时、张辉、原永党、宋宗诚、刘琪、张豫、李素红	本标准规定了钝吻黄盖鲽［*Pseudopleuronectes yokohamae* (Gunther，1877)］亲鱼和苗种的来源、质量要求、检验方法、检验规则、苗种计数和运输要求。 本标准适用于钝吻黄盖鲽亲鱼和苗种的质量评定。
SC/T 4067—2017		浮式金属框架网箱通用技术要求	三沙美济渔业开发有限公司、中国水产科学研究院东海水产研究所、海南海洋与渔业科学研究院、海安中余渔具有限公司、中国海洋大学、中国水产科学研究院南海水产研究所、中国水产科学研究院黄海水产研究所、大连天正实业有限公司	石建高、孟祥君、陈傅晓、黄六一、马振华、刘圣聪、于宏、曹文英、瞿鹰	本标准规定了浮式金属框架网箱的术语和定义、标记、技术要求、检验方法、检验规则以及标志、标签、包装、运输及储存要求。 本标准适用于无缝钢管等金属材料制作框架、由浮筒或泡沫浮子等浮体提供浮力，且框架系统浮于水面的浮式金属框架网箱。
SC/T 5106—2017		观赏鱼养殖场条件　小型热带鱼	中国水产科学研究院珠江水产研究所	汪学杰、宋红梅、刘奕、牟希东、刘超、胡隐昌、顾党恩、杨叶欣、罗渡、徐猛、韦慧、罗建仁	本标准规定了小型热带观赏鱼养殖场的场址选择、养殖系统、温控系统、隔离设施和水处理设施等。 本标准适用于小型热带观赏鱼养殖场。

（续）

标准号	替代标准	标准名称	起草单位	主要起草人	范　　围
SC/T 5107—2017		观赏鱼养殖场条件　大型热带淡水鱼	中国水产科学研究院珠江水产研究所、北京市水产科学研究所	汪学杰、宋红梅、牟希东、刘奕、刘超、胡隐昌、顾党恩、杨叶欣、罗渡、徐猛、韦慧、朱华、史东杰、李文通、梁拥军	本标准规定了大型热带淡水观赏鱼养殖场的场址选择、养殖系统、配套设施、温控系统、隔离设施、防逃逸设施及水处理设施。 本标准适用于大型热带淡水观赏鱼养殖场。
SC/T 9111—2017		海洋牧场分类	中国水产科学研究院南海水产研究所、中国水产科学研究院黄海水产研究所、中国水产科学研究院东海水产研究所、中国水产科学研究院资源与环境研究中心、大连海洋大学、上海海洋大学、中国海洋大学、山东省水生生物资源养护管理中心、全国水产技术推广总站	陈丕茂、舒黎明、李纯厚、贾晓平、肖雅元、袁华荣、房金岑、关长涛、李圣法、杨文波、陈勇、章守宇、张秀梅、王云中、罗刚	本标准规定了海洋牧场的术语和定义、分类、类型界定。 本标准适用于海洋牧场的规划、建设、利用、管理监测和评价。

3.2 水产品

标准号	替代标准	标准名称	起草单位	主要起草人	范围
SC/T 2070—2017		大泷六线鱼	浙江海洋大学、大连海洋大学、山东省海洋生物研究院、中国海洋大学	高天翔、韩志强、蔡珊珊、李霞、郭文、纪东平、宋娜、刘璐	本标准规定了大泷六线鱼［*Hexagrammos otakii*（Jordan & Starks，1895)］的学名与分类、主要外部形态特征、生长与繁殖特性、细胞遗传学特性、分子遗传学特性、检测方法和判定规则。 本标准适用于大泷六线鱼种质的鉴定与检测。
SC/T 2077—2017		漠斑牙鲆	中国水产科学研究院黄海水产研究所	刘萍、李鹏飞、高保全、孟宪亮、柳学周、徐永江	本标准规定了漠斑牙鲆［*Paralichthys lethostigma*（Jordan & Gilbert，1884)］的学名与分类、主要形态特征、生长与繁殖、细胞遗传学特征、分子遗传学特征、检测方法及判定规则。 本标准适用于漠斑牙鲆种质鉴定和检测。

（续）

标准号	替代标准	标准名称	起草单位	主要起草人	范　　围
SC/T 3050—2017		干海参加工技术规范	中国水产科学研究院黄海水产研究所、大连棒棰岛海产股份有限公司、山东好当家海洋发展股份有限公司、山东金鲁源食品有限公司、大连财神岛集团有限公司、青岛老尹家海参股份有限公司、青岛海滨食品股份有限公司、国家水产品质量监督检验中心	王联珠、朱文嘉、郭莹莹、吴岩强、孙永军、江艳华、姚琳、孙晶、傅晓东、李宝叶、尹宝昌、左红和	本标准规定了干海参加工的基本条件、原辅料要求、加工过程、标签、标识、储存、生产记录和产品品质。 本标准适用于活刺参、梅花参加工干海参的生产过程，其他品种海参加工干海参的生产过程可参照执行。
SC/T 3112—2017	SC/T 3112—1996	冻梭子蟹	宁波市海洋与渔业研究院、中国水产舟山海洋渔业公司、浙江省水产行业协会	段青源、柴丽月、戎素红、邱纪时、汪杰、余匡军	本标准规定了冻梭子蟹的要求、试验方法、检验规则、标签、标志、包装、运输及储存。 本标准适用于以活的或新鲜的三疣梭子蟹（*Portunus trituberculatus*）为原料，经分级、清洗和速冻而成的冷冻产品；其他梭子蟹及其制品可参照执行。

（续）

标准号	替代标准	标准名称	起草单位	主要起草人	范　围
SC/T 3114—2017	SC/T 3114—2002	冻螯虾	江苏省淡水水产研究所、江苏海浩兴业集团	张美琴、吴光红、唐建清、李军、邵俊杰	本标准规定了冻螯虾的产品分类、要求、试验方法、检验规则、标签、标志、包装、运输和储存。 本标准适用于以克氏原螯虾（*Procambarus clarkii*）为原料，经预处理或预煮、冷冻等工序加工而成的生制品或预煮制品，其他淡水螯虾产品参照执行。
SC/T 3208—2017	SC/T 3208—2001	鱿鱼干、墨鱼干	福建省水产研究所、集美大学、莆田汇丰食品有限公司	刘智禹、吴靖娜、刘光明、苏永昌、刘淑集、林志良、苏捷、王茵、姜双城、吴成业	本标准规定了鱿鱼干、墨鱼干的分类、要求、试验方法、检验规则、标签、包装、运输和储存。 本标准适用于以新鲜的或冷冻的鱿鱼、墨鱼为原料，经剖腹、去内脏、去眼球和干燥等工序制成的生干品。
SC/T 3212—2017	SC/T 3212—2000	盐渍海带	中国水产科学研究院黄海水产研究所、大连工业大学、山东海之宝海洋科技有限公司、青岛聚大洋藻业集团有限公司、山东鸿洋神水产科技有限公司、国家水产品质量监督检验中心	王联珠、郭莹莹、朱文嘉、侯红漫、江艳华、姚琳、刘晓勇、吴仕鹏、刘旭东、卢丽娜、左红和、董秀萍、刘芬、何柳、杨祯祯、程跃谟	本标准规定了盐渍海带的要求、试验方法、检验规则、标签、包装、运输和储存。 本标准适用于以鲜海带（*Laminaria japonica*）为原料，经烫漂、冷却、盐渍、脱水、切割或不切割等工序制成的产品。

（续）

标准号	替代标准	标准名称	起草单位	主要起草人	范　　围
SC/T 3301—2017	SC/T 3301—1989	速食海带	中国水产科学研究院黄海水产研究所、中国科学院海洋研究所、山东海之宝海洋科技有限公司、青岛聚大洋藻业集团有限公司、山东鸿洋神水产科技有限公司、国家水产品质量监督检验中心	王联珠、郭莹莹、朱文嘉、段德麟、江艳华、姚琳、刘晓勇、吴仕鹏、刘旭东、卢丽娜、左红和、刘芬、何柳、杨祯祯、程跃谟	本标准给出速食海带的产品分类，规定了速食海带的要求、试验方法、检验规则、标签、包装、运输和储存。 本标准适用于以鲜海带（*Laminaria japonica*）为原料，经加工制成的非冲泡类速食干海带、冲泡类速食干海带、即食调味海带等产品，其他速食海带产品可参照执行。
SC/T 5062—2017		金龙鱼	中国水产科学研究院珠江水产研究所	胡隐昌、牟希东、汪学杰、宋红梅、杨叶欣、顾党恩、罗渡、刘超、罗建仁	本标准给出了金龙鱼（*Scleropages formosus* sp.）的学名与分类、主要形态构造特征、繁殖、细胞遗传学特性、检测方法及判定规则。 本标准适用于金龙鱼的种质检测与鉴定。
SC/T 5706—2017		金鱼分级　珍珠鳞类	中国水产科学研究院珠江水产研究所、北京市水产科学研究所	胡隐昌、汪学杰、宋红梅、刘奕、牟希东、刘超、顾党恩、罗渡、杨叶欣、徐猛、韦慧、朱华、史东杰、李文通、梁拥军	本标准规定了珍珠鳞类金鱼（*Carassius auratus* L. war）的术语和定义、分级要求、检测方法及等级判定要求。 本标准适用于珍珠鳞类金鱼的分级及检验。

（续）

标准号	替代标准	标准名称	起草单位	主要起草人	范　围
SC/T 5707—2017		锦鲤分级　白底三色类	北京市水产科学研究所、中国水产科学研究院珠江水产研究所	梁拥军、李文通、朱华、史东杰、孙向军、徐四海、张欣、孙砚胜、张升利、朱莉飞、胡隐昌、汪学杰、牟希东、宋红梅	本标准规定了锦鲤 Koi carp（*Cyprinus carpio* L. war）中白底三色类品种的技术要求、检测方法及等级判定。 本标准适用于锦鲤中白底三色类品种的分级。
SC/T 5708—2017		锦鲤分级　墨底三色类	北京市水产科学研究所、中国水产科学研究院珠江水产研究所	梁拥军、李文通、朱华、史东杰、孙向军、徐四海、张欣、孙砚胜、张升利、朱莉飞、胡隐昌、汪学杰、牟希东、宋红梅	本标准规定了锦鲤 Koi carp（*Cyprinus carpio* L. war）中墨底三色类品种的技术要求、检测方法及等级判定。 本标准适用于锦鲤中墨底三色类品种的分级。

3.3 渔药及疾病检疫

标准号	替代标准	标准名称	起草单位	主要起草人	范　围
NY/T 3143—2017		鱼粉中脲醛聚合物快速检测方法	中国饲料工业协会、山东新希望六和集团有限公司	郭吉原、王黎文、荣佳、丁健、朱正鹏、隋莉、姜晓霞、张雅惠、杨青	本标准规定了鱼粉中脲醛聚合物的快速检测方法。 本标准适用于鱼粉中脲醛聚合物的快速定性检测。
SC/T 7223.1—2017		黏孢子虫病诊断规程　第1部分：洪湖碘泡虫	中国科学院水生生物研究所	李文祥、王桂堂、邹红、熊凡、吴山功、李明	本部分给出了鲫（*Carassius auratus*）患洪湖碘泡虫病（又称“喉孢子虫病”）的临床症状，规定了洪湖碘泡虫（*Myxobolus honghuensis*）的采集、固定与标本制作，形态学鉴定和分子检测的方法，以及洪湖碘泡虫病的综合判定。 本部分适用于鲫洪湖碘泡虫病的流行病学调查、诊断、监测和检疫。
SC/T 7223.2—2017		黏孢子虫病诊断规程　第2部分：吴李碘泡虫	中国科学院水生生物研究所	李文祥、王桂堂、邹红、熊凡、吴山功、李明	本部分给出了鲫（*Carassius auratus*）患吴李碘泡虫病（又称“腹孢子虫病”）的临床症状，规定了吴李碘泡虫（*Myxobolus wulii*）的采集、固定与标本制作，形态学鉴定和分子检测的方法，以及吴李碘泡虫病的综合判定。 本部分适用于鲫吴李碘泡虫病的流行病学调查、诊断、监测和检疫。

（续）

标准号	替代标准	标准名称	起草单位	主要起草人	范　　围
SC/T 7223.3—2017		黏孢子虫病诊断规程　第 3 部分：武汉单极虫	中国科学院水生生物研究所	李文祥、王桂堂、邹红、熊凡、吴山功、李明	本部分给出了鲫（*Carassius auratus*）患武汉单极虫病（又称“肤孢子虫病”）的临床症状，规定了武汉单极虫（*Thelohanellus wuhanensis*）的采集、固定与标本制作，形态学鉴定和分子检测的方法，以及武汉单级虫病的综合判定。 本部分适用于鲫武汉单极虫病的流行病学调查、诊断、监测和检疫。
SC/T 7223.4—2017		黏孢子虫病诊断规程　第 4 部分：吉陶单级虫	中国科学院水生生物研究所	李文祥、王桂堂、邹红、熊凡、吴山功、李明	本部分给出了鲤（*Cyprinus carpio*）患吉陶单极虫病的临床症状，规定了吉陶单极虫（*Thelohanellus kitauei*）的采集、固定与标本制作，形态学鉴定和分子检测的方法，以及吉陶单极虫病的综合判定。 本部分适用于鲤吉陶单极虫病的流行病学调查、诊断、监测和检疫。
SC/T 7224—2017		鲤春病毒血症病毒逆转录环介导等温扩增（RT - LAMP）检测方法	全国水产技术推广总站、深圳市检验检疫科学研究院、深圳出入境检验检疫局、暨南大学食品安全研究院	郑晓聪、贾鹏、李清、王津津、余卫忠、何俊强、于力、刘莹、兰文升、史秀杰、刘茳、秦智锋、石磊	本标准给出了鲤春病毒血症病毒逆转录环介导等温扩增（RT - LAMP）检测的技术原理，规定了试剂和材料、器材和设备、操作步骤及结果判断。 本标准适用于鲤春病毒血症病毒的初筛检测。

（续）

标准号	替代标准	标准名称	起草单位	主要起草人	范　　围
SC/T 7225—2017		草鱼呼肠孤病毒逆转录环介导等温扩增（RT-LAMP）检测方法	浙江省淡水水产研究所	沈锦玉、郝贵杰、潘晓艺、徐洋、袁雪梅、尹文林、姚嘉赟、蔺凌云	本标准描述了草鱼呼肠孤病毒逆转录环介导等温扩增检测的技术原理，规定了试剂和材料、器材和设备、操作步骤及结果判断。 本标准适用于草鱼呼肠孤病毒基因Ⅰ型、Ⅱ型和Ⅲ型的初筛检测。
SC/T 7226—2017		鲑甲病毒感染诊断规程	东北农业大学、全国水产技术推广总站、中国检验检疫科学研究院、北京出入境检验检疫局	刘敏、余卫忠、吕永辉、江育林、张利峰、任彤	本标准给出了鲑甲病毒感染的临床症状检查，规定了样品采集及处理、病毒分离、病毒鉴定及结果的综合判定的方法。 本标准适用于鲑甲病毒感染鲑科鱼类引起的胰脏病的昏睡病的流行病学调查、疾病诊断、检疫和监测。
SC/T 7227—2017		传染性造血器官坏死病毒逆转录环介导等温扩增（RT-LAMP）检测方法	全国水产技术推广总站、深圳市出入境检验检疫局、深圳市检验检疫科学研究院	贾鹏、郑晓聪、余卫忠、王津津、李清、刘莹、温智清、何俊强、于力、兰文升、史秀杰、刘荭、秦智锋	本标准规定了传染性造血器官坏死病毒逆转录环介导等温扩增检测方法的试剂和材料、器材和设备、操作步骤、结果判定和防污染措施。 本标准适用于传染性造血器官坏死病毒的初检。

3.4 渔业机械

3.5 渔船设备

标准号	替代标准	标准名称	起草单位	主要起草人	范　　围
SC/T 4066—2017		渔用聚酰胺经编网片通用技术要求	三沙美济渔业开发有限公司、中国水产科学研究院东海水产研究所、海安中余渔具有限公司、海南海洋与渔业科学研究院、湛江市经纬网厂、农业部绳索网具产品质量监督检验测试中心、上海海洋大学、中国水产科学研究院渔业机械仪器研究所	石建高、孟祥君、陈傅晓、钟文珠、瞿鹰、曹文英、余雯雯、周文博、张春文、刘永利	本标准规定了渔用聚酰胺经编网片的术语和定义、标记、技术要求、检验方法、检验规则以及标志、标签、包装、运输及储存的有关要求。 本标准适用于聚酰胺复丝经机器编织的渔用聚酰胺经编网片。
SC/T 5021—2017	SC/T 5021—2002	聚乙烯网片经编型	农业部绳索网具产品质量监督检验测试中心、湖南鑫海网业有限公司、宁波市镇海顺渔网具制造有限公司、湛江开发区扬帆网业有限公司、福建省长乐市红梅网具有限公司、泰安鲁普耐特塑料有限公司	马海有、石建高、李年春、陈晓雪、吴永刚、闵明华、宋莲芳、陈礼球、沈明、刘洋、刘永利、王磊、郭亦萍	本标准规定了聚乙烯经编型网片的术语和定义、标记、技术要求、试验方法、检验规则、标志、标签、包装、运输及储存。 本标准适用于以聚乙烯单丝加工制作的渔用菱形网目、未定型或定型后的聚乙烯经编网片。

（续）

标准号	替代标准	标准名称	起草单位	主要起草人	范　　围
SC/T 5022—2017		超高分子量聚乙烯网片　经编型	中国水产科学研究院东海水产研究所、山东爱地高分子材料有限公司、荣成市海洋渔业有限公司、江苏昇和塑业有限公司、惠州市艺高网业有限公司、海安中余渔具有限公司、中国水产科学研究院渔业机械仪器研究所、上海海洋大学、浙江海味鲜食品开发有限公司、浙江省平阳县碧海仙山海产品开发有限公司、浙江东一海洋经济发展有限公司、三沙美济渔业开发有限公司、淄博美标高分子纤维有限公司、农业部绳索网具产品质量监督检验测试中心	石建高、何飞、杨劲峰、钟文珠、吕健斌、张健、魏平、程世琪、吕呈涛、刘永利、陈晓雪、余雯雯、曹文英、王磊、李普友、马海有、卢文、黄中兴、孟祥君、常广、贾陆林、张亮、徐学明	本标准规定了超高分子量聚乙烯经编型网片的术语和定义、标记、技术要求、试验方法、检验规则、标志、标签、包装、运输及储存。 本标准适用于以超高分子量聚乙烯纤维加工制作的渔用菱形网目超高分子量聚乙烯经编网片。
SC/T 8141—2017		木质渔船捻缝技术要求及检验方法	农业部渔业船舶检验局、河北渤盛船业服务中心、广东渔业船舶检验局阳江检验处、盘锦远航渔船修造厂、河北渔业船舶检验局昌黎检验站	刘立新、李志伟、肖文波、梁汝铁、张兴华、郑永波、王东	本标准规定了木质渔船捻缝材料、麻板制作、捻缝施工要求及检验方法。 本标准适用于木质渔船捻缝的施工及检验。

（续）

标准号	替代标准	标准名称	起草单位	主要起草人	范　围
SC/T 8146—2017		渔船集鱼灯镇流器安全技术要求	农业部渔业船舶检验局、捷胜海洋装备股份有限公司	贺波、支交平、顾其波、刘立新、王晓栋	本标准规定了工作电压为1 000V以下、工作频率为50Hz或60Hz的交流电源供电的渔船集鱼灯镇流器的安全技术要求、试验方法及检验规则。 本标准适用于渔船集鱼灯所使用的镇流器，可作为镇流器设计、制造和检验的依据。
SC/T 8156—2017		渔业船舶建造开工技术条件及要求	农业部渔业船舶检验局、浙江渔船检验局、江苏渔船检验局、山东渔船检验局、福建渔船检验局	刘立新、李志伟、张云钧、彭晓华、蔡冠华、姜朋乐、吴泽军	本标准规定了在中华人民共和国境内从事渔业船舶生产（包括建造、改装）企业的开工技术条件及要求。 本标准适用于各类各级从事钢质、纤维增强塑料和木质渔业船舶生产的企业。从事其他材质的渔业船舶生产企业可参照执行。

4　农垦

4.1　热作产品

4.2　热作加工机械

4.3　热作种子种苗栽培

5　农业机械化

5.1　农业机械综合类

标准号	替代标准	标准名称	起草单位	主要起草人	范　　围
NY/T 365—2017	NY/T 365—1999	窝眼滚筒式种子分选机　质量评价技术规范	甘肃省农业机械质量管理总站、酒泉奥凯种子机械股份有限公司	程兴田、周惠芬、成旭东、苏策、赵建托、杨朝军、代俊春	本标准规定了窝眼滚筒式种子分选机的术语和定义、基本要求、质量要求、检测方法和检验规则。 本标准适用于窝眼滚筒式种子分选机的质量评定。

（续）

标准号	替代标准	标准名称	起草单位	主要起草人	范　围
NY/T 369—2017	NY/T 369—1999	种子初清机质量评价技术规范	甘肃省农业机械质量管理总站、酒泉奥凯种子机械股份有限公司	闫发旭、王祺、安长江、李小强、安军芳、颜冬慧	本标准规定了种子初清机的基本要求、质量要求、检测方法和检验规则。 本标准适用于种子初清机的质量评定。
NY/T 371—2017	NY/T 371—1999	种子用计量包装机　质量评价技术规范	黑龙江省农业机械试验鉴定站	吕明杰、孙德超、陈治文、李艳杰、姜阿利	本标准规定了种子用计量包装机的术语和定义、基本要求、质量要求、检测方法和检验规则。 本标准适用于净含量在100g～25 000g范围内的颗粒状种子用计量包装机的质量评定。
NY/T 645—2017	NY/T 645—2002	玉米收获机质量评价技术规范	河北省农业机械鉴定站	封伟、赵金山、张彦奇、王修宇、史建新、齐绍柠、宋兴龙、李晓东	本标准规定了玉米收获 机的基本要求、质量要求、检测方法和检验规则。 本标准适用于自走式、悬挂式、牵引式玉米收获 机的质量评定。
NY/T 649—2017	NY/T 649—2002	养鸡机械设备安装技术要求	内蒙古自治区农牧业机械试验鉴定站、青岛日联华波科技有限公司	王海军、王靖、石雅静、孙高波、刘训一、吴鸣远、高云燕、荣杰、刘波	本标准规定了养鸡机械设备的术语和定义、一般要求、安全要求和安装技术要求。 本标准适用于养鸡机械设备（包括阶梯式鸡笼和笼架、饮水器、喂料机、清粪机、孵化机、出雏机、电热育雏设备等主要机械设备）的安装。

（续）

标准号	替代标准	标准名称	起草单位	主要起草人	范　围
NY/T 3118—2017		农业机械出厂合格证　拖拉机和联合收割（获）机	农业部农机监理总站	涂志强、王聪玲、白艳、郎志中、陆立中、葛建智、岳芹、张素洁、吕占民、赵野、程胜男、刘德普	本标准规定了拖拉机和联合收割（获）机出厂合格证的术语、定义和要求。 本标准适用于拖拉机和联合收割（获）机出厂合格证的制作和注册登记使用。其他自走式农业机械的出厂合格证可参照执行。
NY/T 3119—2017		畜禽粪便固液分离机　质量评价技术规范	农业部农业机械试验鉴定总站、江苏省农业机械试验鉴定站	张健、杨瑶、陶雷、肖建国、余玲	本标准规定了畜禽粪便固液分离机的术语和定义、基本要求、质量要求、检测方法和检验规则。 本标准适用于畜禽粪便固液分离机的质量评定。
NY/T 3120—2017		插秧机　安全操作规程	江苏省农业机械试验鉴定站、洋马农机（中国）有限公司	刘勇、谢葆青、纪鸿波、李曙光、戚锁红、张婕、王智、曹俊、高玲	本标准规定了插秧机安全操作的基本条件及其在启动、起步、转移行驶、田间作业、停机检查、保养时的安全操作规程。 本标准适用于乘坐式插秧机的安全操作。手扶式插秧机可参照执行。

（续）

标准号	替代标准	标准名称	起草单位	主要起草人	范　　围
NY/T 3121—2017		青贮饲料包膜机　质量评价技术规范	内蒙古自治区农牧业机械试验鉴定站	吴淑琴、周风林、郭海杰、王帅、包乌云毕力格	本标准规定了青贮饲料包膜机的基本要求、质量要求、检测方法和检验规则。 本标准适用于青贮饲料包膜机的质量评定。

5.2　其他农机具

6　农村能源

6.1　沼气工程规模分类

6.2　其他类

7　绿色食品

标准号	替代标准	标准名称	起草单位	主要起草人	范　　围
NY/T 420—2017	NY/T 420—2009	绿色食品　花生及制品	山东省农业科学院农业质量标准与检测技术研究所、山东省标准化研究院、山东标准检测技术有限公司、中国绿色食品发展中心、山东花生研究所、山东省绿色食品发展中心、山东鲁花集团有限公司、农业部食品质量监督检验测试中心（济南）	滕葳、李倩、甄爱华、万书波、陈兆云、张树秋、柳琪、刘建洋、刘学锋、张侨、单世华、王磊、王玉涛、滕晶、赵一民、田丽、张岭晨	本标准规定了绿色食品花生及制品的术语和定义、要求、检验规则、标签、包装、运输和储存。 本标准适用于绿色食品花生及制品，不适用于花生类糖制品、花生油、花生饮料和花生饼、粕。

（续）

标准号	替代标准	标准名称	起草单位	主要起草人	范　　围
NY/T 431—2017	NY/T 431—2009	绿色食品　果（蔬）酱	湖南省食品测试分析中心、中国绿色食品发展中心、北京丘比食品有限公司	李绮丽、陈兆云、李高阳、单杨、张菊华、尚雪波、肖轲、谭欢、潘兆平、李志坚、何双	本标准规定了绿色食品果（蔬）酱的术语和定义、分类、要求、检验规则、标签、包装、运输和储存。 本标准适用于以水果、蔬菜为主要原料，经破碎、打浆、灭菌、浓缩等工艺生产的绿色食品块状酱或泥状酱；不适用于以果蔬为主要原料，配以辣椒、盐香辛料等调味料生产的调味酱产品。
NY/T 751—2017	NY/T 751—2011	绿色食品　食用植物油	山东省农业科学院农业质量标准与检测技术研究所、山东省标准化研究院、山东标准检测技术有限公司、中国绿色食品发展中心、山东花生研究所、山东省绿色食品发展中心、山东鲁花集团有限公司、菏泽尧舜牡丹生物科技有限公司、农业部食品质量监督检验测试中心（济南）	滕葳、李倩、万书波、甄爱华、张树秋、陈倩、刘学锋、张侨、孙东伟、毛文岳、纪海鹏、柳琪、聂燕、徐薇、王磊、高磊、孙效乐、刘庆、滕晶、黄艳华	本标准规定了绿色食品食用植物油的要求、检验规则、标签、包装、运输和储存。 本标准适用于绿色食品食用植物油，包括菜籽油、大豆油、花生油、芝麻油、亚麻籽油、葵花籽（仁）油、玉米油、油菜籽油、米糠油、核桃油、牡丹籽油、棕榈（仁）油、沙棘籽油及食用调和油。

（续）

标准号	替代标准	标准名称	起草单位	主要起草人	范　　围
NY/T 844—2017	NY/T 844—2010	绿色食品　温带水果	广东省农业科学院农产品公共监测中心、中国绿色食品发展中心、广州汇标检测技术中心、农业部蔬菜水果质量监督检验测试中心（广州）、生命果有机食品股份有限公司	杨慧、陈兆云、耿安静、赵晓丽、王富华、葛章春、杨益民、陈岩、廖若昕	本标准规定了绿色食品温带水果的术语和定义、要求、检验规则、标签、包装、运输和储存。 本标准适用于绿色食品温带水果，包括苹果、梨、桃、草莓、山楂、柰子、蓝莓、无花果、树莓、桑葚、猕猴桃、葡萄、樱桃、枣、杏、李、柿、梅和醋栗等。
NY/T 897—2017	NY/T 897—2004	绿色食品　黄酒	浙江省农业科学院农产品质量标准研究所、农业部农产品及转基因产品质量安全监督检验测试中心（杭州）、中国绿色食品发展中心、浙江省轻工业研究所、会稽山绍兴酒股份有限公司、江苏省丹阳酒厂有限公司、江苏张家港酿酒有限公司、绿成农科检测技术有限公司、浙江省农产品质量安全中心	张志恒、于国光、陈兆云、许荣年、孙国昌、费雪忠、黄庭明、胡桂仙、郑蔚然、章虎、季爱兰	本标准规定了绿色食品黄酒的术语和定义、分类、要求、检验规则、标签、包装、运输和储存。 本标准适用于各类绿色食品黄酒。

（续）

标准号	替代标准	标准名称	起草单位	主要起草人	范　围
NY/T 1042—2017	NY/T 1042—2014	绿色食品　坚果	农业部食品质量监督检验测试中心（佳木斯）	程春芝、陈兆云、孙兰金、张建勤、韩国、王亚宁、孙明山、张海珍、王靖、李珍、王艳玲	本标准规定了绿色食品坚果的分类、要求、检验规则、标签、包装、运输和储存。 本标准适用于绿色食品核桃、山核桃、榛子、香榧、腰果、松子、杏仁、开心果、扁桃（巴旦木）、澳洲坚果（夏威夷果）、鲍鱼果、板栗、橡子、银杏、芡实（米）、莲子、菱角等鲜或干的坚果及其果仁，也适用于以坚果为主要原料，不添加辅料，经水煮、蒸煮等工艺制成的原味坚果制品；不适用于坚果类烘炒制品。
NY/T 1323—2017	NY/T 1323—2007	绿色食品　固体饮料	农业部食品质量监督检验测试中心（上海）、上海必诺检测技术服务有限公司	韩奕奕、陈雯青、章慧、戴春风、陈美莲、郑小平、陈惠华、王霞	本标准规定了绿色食品固体饮料的分类、要求、检验规则、标签、包装、运输和储存。 本标准适用于绿色食品固体饮料，包括蛋白固体饮料、调味茶固体饮料、咖啡固体饮料、植物固体饮料、特殊用途固体饮料及其他固体饮料。不适用于玉米粉、花生蛋白粉、大麦粉、燕麦粉、藕粉、豆粉、大豆蛋白粉、即食谷粉和芝麻糊（粉）。

（续）

标准号	替代标准	标准名称	起草单位	主要起草人	范　　围
NY/T 1329—2017	NY/T 1329—2007	绿色食品　海水贝	农业部食品质量监督检验测试中心、唐山市畜牧水产品质量监测中心、象山南方水产品食品有限公司	马文宏、张建民、闫磊、李爱军、叶维灯、戴洋洋、金一尘、周鑫、齐彪、高文瑞、朱洁、蒙君丽、刘洋、李婧	本标准规定了绿色食品海水贝的术语和定义、要求、检验规则、标签、包装、运输和储存。 本标准适用于鲍鱼、泥蚶、毛蚶(赤贝)、魁蚶、贻贝、红螺、香螺、玉螺、泥螺、栉孔扇贝、海湾扇贝、牡蛎、文蛤、杂色蛤、青柳蛤、大竹蛏、缢蛏等海水贝类的鲜、活品；鲍鱼、蚶肉、贻贝肉、螺肉、扇贝肉、扇贝柱、牡蛎肉、蛤肉、蛏肉等海水贝类肉的生制和熟制冻品。
NY/T 1508—2017	NY/T 1508—2007	绿色食品　果酒	广东省农业科学院农产品公共监测中心、中国绿色食品发展中心、农业部蔬菜水果质量监督检验测试中心（广州）、生命果有机食品股份有限公司	陈岩、王富华、刘斌斌、廖若昕、耿安静、葛章春、李丽、杨慧、赵晓丽	本标准规定了绿色食品果酒的术语和定义、分类、要求、检验规则、标签、包装、运输和储存。 本标准适用于以除葡萄以外的新鲜水果或果汁为原料，经全部或部分发酵酿制而成的果酒，不适用于浸泡、蒸馏和勾兑果酒。
NY/T 1509—2017	NY/T 1509—2007	绿色食品　芝麻及其制品	湖南省食品测试分析中心、中国绿色食品发展中心	肖轲、李高阳、单杨、尚雪波、陈倩、李绮丽、李志坚、杨慧、韩晓磊、谭欢、何双	本标准规定了绿色食品芝麻及其制品的分类、要求、检验规则、标签、包装、运输和储存。 本标准适用于绿色食品芝麻及芝麻酱、芝麻糊等制品，不适用于芝麻油和芝麻糖。

（续）

标准号	替代标准	标准名称	起草单位	主要起草人	范　围
NY/T 1513—2017	NY/T 1513—2007	绿色食品　畜禽可食用副产品	四川省农业科学院质量标准与检测技术研究所、农业部食品质量监督检验测试中心（成都）、中国绿色食品发展中心	杨晓凤、滕锦程、郭灵安、唐伟、陶李、李曦、邓强	本标准规定了绿色食品畜禽可食用副产品的术语和定义、分类、要求、检验规则、标签、包装、运输和储存。 本标准适用于绿色食品畜禽可食用副产品。不适用于骨及血类等畜禽可食用副产品。
NY/T 1885—2017	NY/T 1885—2010	绿色食品　米酒	四川省农业科学院质量标准与检测技术研究所、农业部食品质量监督检验测试中心（成都）、中国绿色食品发展中心、四川东柳醪糟有限责任公司	杨晓凤、滕锦程、郭灵安、唐伟、陶李、李曦、邓强、唐祥华、王知军	本标准规定了绿色食品米酒的术语和定义、分类、要求、检验规则、标签、包装、运输和储存。 本标准适用于绿色食品米酒。
NY/T 1889—2017	NY/T 1889—2010	绿色食品　烘炒食品	中国科学院沈阳应用生态研究所、黑龙江省宏福山特产品有限责任公司	王颜红、王莹、王瑜、李德敏、张守岩、陈晨	本标准规定了绿色食品烘炒食品的术语和定义、要求、检验规则、标签、包装、运输和储存。 本标准适用于绿色食品烘炒食品，不适用于以花生或芝麻为原料的烘炒食品。

8 转基因

标准号	替代标准	标准名称	起草单位	主要起草人	范　围
农业部 2630 号公告—1—2017		农业转基因生物安全管理术语	农业部科技发展中心、中国农业科学院生物技术研究所	刘培磊、王志兴、王旭静、徐琳杰、孙卓婧	本标准规定了农业转基因生物安全管理的术语。 本标准适用于农业转基因生物研究、试验、生产、加工、经营和进口、出口的安全管理。
农业部 2630 号公告—2—2017		转基因植物及其产品成分检测　耐除草剂油菜 73496 及其衍生品种定性 PCR 方法	农业部科技发展中心、中国农业科学院植物保护研究所、农业部环境保护科研监测所	谢家建、宋贵文、彭于发、章秋艳、王叶、陈秀萍、韩兰芝、李云河、武红巾、杨阳	本标准规定了转基因耐除草剂油菜 73496 转化体特异性普通 PCR 和实时荧光 PCR 两种检测方法。 本标准适用于转基因耐除草剂油菜 73496 及其衍生品种，以及制品中 73496 转化体成分的定性 PCR 检测。
农业部 2630 号公告—3—2017		转基因植物及其产品成分检测　抗虫水稻 T1c-19 及其衍生品种定性 PCR 方法	农业部科技发展中心、安徽省农业科学院水稻研究所、中国农业科学院生物技术研究所、浙江省农业科学院	杨建波、沈平、马卉、李昂、魏鹏程、李莉、秦瑞英、汪秀峰、金芜军、倪大虎、徐俊锋、李浩、陆徐忠、李亮、汪小福	本标准规定了转基因抗虫水稻 T1c-19 转化体特异性普通 PCR 检测方法。 本标准适用于转基因抗虫水稻 T1c-19 及其衍生品种，以及制品中 T1c-19 转化体成分的定性 PCR 检测。

（续）

标准号	替代标准	标准名称	起草单位	主要起草人	范　　围
农业部2630号公告—4—2017		转基因植物及其产品成分检测抗虫玉米5307及其衍生品种定性PCR方法	农业部科技发展中心、吉林省农业科学院、天津市农业质量标准与检测技术研究所、浙江省农业科学院、中国农业科学院生物技术研究所、农业部环境保护科研监测所	李飞武、宋贵文、李葱葱、章秋艳、龙丽坤、董立明、闫伟、邵改革、兰青阔、徐俊锋、李亮	本标准规定了转基因抗虫玉米5307转化体特异性普通PCR检测方法。 本标准适用于转基因抗虫玉米5307及其衍生品种，以及制品中5307转化体成分的定性PCR检测。
农业部2630号公告—5—2017		转基因植物及其产品成分检测耐除草剂大豆DAS-68416-4及其衍生品种定性PCR方法	农业部科技发展中心、天津市农业质量标准与检测技术研究所、农业部环境保护科研监测所、中国农业科学院生物技术研究所、吉林省农业科学院、黑龙江省农业科学院	兰青阔、宋贵文、赵新、章秋艳、龙丽坤、宛煜嵩、王永、李亮、李飞武、温洪涛	本标准规定了转基因耐除草剂大豆DAS-68416-4转化体特异性普通PCR检测方法。 本标准适用于转基因耐除草剂大豆DAS-68416-4及其衍生品种，以及制品中DAS-68416-4转化体成分的定性PCR检测。
农业部2630号公告—6—2017		转基因植物及其产品成分检测耐除草剂玉米MON87427及其衍生品种定性PCR方法	农业部科技发展中心、山西农业大学、吉林省农业科学院、农业部环境保护科研监测所	史宗勇、宋贵文、尹海燕、王金胜、章秋艳、高建华、王文斌、乔永刚、袁建琴、许冬梅、李丽、李飞武、路超	本标准规定了转基因耐除草剂玉米MON87427转化体特异性普通PCR检测方法。 本标准适用于转基因耐除草剂玉米MON87427及其衍生品种，以及制品中MON87427转化体成分的定性PCR检测。

（续）

标准号	替代标准	标准名称	起草单位	主要起草人	范　　围
农业部 2630 号公告—7—2017		转基因植物及其产品成分检测 耐除草剂玉米4114及其衍生品种定性PCR方法	农业部科技发展中心、黑龙江省农业科学院农产品质量安全研究所、农业部环境保护科研监测所、天津市农业质量标准与检测技术研究所、吉林省农业科学院	温洪涛、宋贵文、张瑞英、章秋艳、关海涛、兰青阔、丁一佳、黄盈莹、马永华、孙丽容、李葱葱、李飞武	本标准规定了转基因耐除草剂玉米4114转化体特异性普通PCR和实时荧光PCR两种检测方法。 本标准适用于转基因耐除草剂玉米4114及其衍生品种，以及制品中4114转化体成分的定性PCR检测。
农业部 2630 号公告—8—2017		转基因植物及其产品成分检测 抗虫棉花COT102及其衍生品种定性PCR方法	农业部科技发展中心、中国农业科学院棉花研究所、农业部环境保护科研监测所、中国农业科学院生物技术研究所	张帅、宋贵文、崔金杰、章秋艳、雒珺瑜、吕丽敏、王春义、朱香镇、王丽、张利娟、李春花、金芜军	本标准规定了转基因抗虫棉花COT102转化体特异性普通PCR和实时荧光PCR两种检测方法。 本标准适用于转基因抗虫棉花COT102及其衍生品种，以及制品中COT102转化体成分的定性PCR检测。
农业部 2630 号公告—9—2017		转基因植物及其产品成分检测 抗虫耐除草剂玉米C0030.3.5及其衍生品种定性PCR方法	农业部科技发展中心、农业部环境保护科研监测所、上海交通大学、吉林省农业科学院	修伟明、沈平、杨殿林、李昂、李刚、赵建宁、张贵龙、赖欣、皇甫超河、刘红梅、李飞武	本标准规定了转基因抗虫耐除草剂玉米C0030.3.5转化体特异性普通PCR检测方法。 本标准适用于转基因抗虫耐除草剂玉米C0030.3.5及其衍生品种，以及制品中C0030.3.5转化体成分的定性PCR检测。

（续）

标准号	替代标准	标准名称	起草单位	主要起草人	范　围
农业部 2630 号公告—10—2017		转基因植物及其产品成分检测耐除草剂玉米 C0010.3.7 及其衍生品种定性 PCR 方法	农业部科技发展中心、山西省农业科学院植物保护研究所、中国农业科学院生物技术研究所、农业部环境保护科研监测所、吉林省农业科学院	路兴波、沈平、孙红炜、李昂、李凡、杨淑珂、徐晓辉、高瑞、金芜军、杨殿林、李飞武	本标准规定了转基因耐除草剂玉米 C0010.3.7 转化体特异性普通 PCR 和实时荧光 PCR 两种检测方法。 本标准适用于转基因耐除草剂玉米 C0010.3.7 及其衍生品种，以及制品中 C0010.3.7 转化体成分的定性 PCR 检测。
农业部 2630 号公告—11—2017		转基因植物及其产品成分检测耐除草剂玉米 VCO－Ø1981－5 及其衍生品种定性 PCR 方法	农业部科技发展中心、中国热带农业科学院热带生物技术研究所、农业部环境保护科研监测所、中国农业科学院生物技术研究所	李美英、宋贵文、郭安平、章秋艳、杨小亮、贺萍萍、肖苏生、张雨良、夏启玉、李亮	本标准规定了转基因耐除草剂玉米 VCO－Ø1981－5 转化体特异性普通 PCR 检测方法。 本标准适用于转基因耐除草剂玉米 VCO－Ø1981－5 及其衍生品种，以及制品中 VCO－Ø1981－5 转化体成分的定性 PCR 检测。
农业部 2630 号公告—12—2017		转基因植物及其产品成分检测外源蛋白质检测试纸评价方法	农业部科技发展中心、中国农业科学院油料作物研究所、中国农业科学院生物技术研究所	吴刚、李文龙、武玉花、宋贵文、李俊、李晓飞、李允静、李均、朱莉、金芜军	本标准规定了外源蛋白质检测试纸的术语和定义、要求、评价指标、判定标准、实验方法和产品评价等内容。 本标准适用于双抗夹心外源蛋白质检测试纸检测特异性、灵敏度、重复性、批间差和稳定性的评价。

（续）

标准号	替代标准	标准名称	起草单位	主要起草人	范　　围
农业部 2630 号公告—13—2017		转基因植物及其产品成分检测质粒 DNA 标准物质定值技术规范	农业部科技发展中心、中国农业科学院生物技术研究所、吉林省农业科学院、安徽省农业科学院水稻研究所	李亮、沈平、宛煜嵩、李昂、金芜军、李飞武、王永、秦瑞英、马卉、董美	本标准规定了转基因植物及及其产品检测质粒 DNA 标准物质的定值技术、结果统计与表示。 本标准适用于转基因植物及及其产品检测质粒 DNA 标准物质特性值的确定。
农业部 2630 号公告—14—2017		转基因动物及其产品成分检测人溶菌酶基因（*hLYZ*）定性 PCR 方法	农业部科技发展中心、华中农业大学、上海杰隆生物工程股份有限公司	刘榜、李文龙、刘静、宋贵文、张庆德、王文君、刘思国	本标准规定了人溶菌酶基因（*hLYZ*）定性 PCR 检测方法。 本标准适用于转人溶菌酶基因（*hLYZ*）的羊、牛及其产品的定性 PCR 检测。
农业部 2630 号公告—15—2017		转基因植物及其产品成分检测耐除草剂大豆 SHZD 32 - 1 及其衍生品种定性 PCR 方法	农业部科技发展中心、浙江省农业科学院、上海交通大学、安徽省农业科学院	汪小福、李文龙、徐俊锋、沈平、杨立桃、陈笑芸、徐晓丽、彭城、刘慧、马卉、秦瑞英	本标准规定了转基因耐除草剂大豆 SHZD 32 - 1 转化体特异性普通 PCR 和实时荧光 PCR 两种检测方法。 本标准适用于转基因耐除草剂大豆 SHZD 32 - 1 及其衍生品种，以及制品中 SHZD 32 - 1 转化体成分的定性 PCR 检测。

（续）

标准号	替代标准	标准名称	起草单位	主要起草人	范　　围
农业部2630号公告—16—2017		转基因生物及其产品食用安全检测　外源蛋白质与毒性蛋白质和抗营养因子的氨基酸序列相似性生物信息学分析方法	农业部科技发展中心、中国农业大学、中国疾病预防控制中心食品营养与健康所	黄昆仑、沈平、杨晓光、李文龙、贺晓云、邹世颖、车会莲、许文涛、罗云波	本标准规定了利用生物信息学工具对转基因生物中外源蛋白质与数据库中已知毒性蛋白质和抗营养因子的氨基酸序列相似性进行搜索比对的方法。 本标准适用于转基因生物中外源蛋白质与已知毒性蛋白质和抗营养因子的氨基酸序列相似性比较。

9 职业技能鉴定

标准号	替代标准	标准名称	起草单位	主要起草人	范　围
NY/T 3122—2017		水生物检疫检验员	农业部人力资源开发中心、全国水产技术推广总站	潘勇、齐富刚、胡庆杰、刘群、牛静	
NY/T 3123—2017		饲料加工工	农业部人力资源开发中心、全国畜牧总站	严建刚、刘志强、陈强、吴莹	
NY/T 3124—2017		兽用原料药制造工	中国兽医药品监察所、农业部人力资源开发中心	高迎春、牛静、邹小军、杨伟强、李跃龙	
NY/T 3125—2017		农村环境保护工	农业部环境保护科研监测所、农业部人力资源开发中心	王青立、邹国元、张治霆	
NY/T 3126—2017		休闲农业服务员	农业部人力资源开发中心、农业部社会事业发展中心、北京农学院都市农业研究所	任国柱、徐广才、何兵存、牛静	

（续）

标准号	替代标准	标准名称	起草单位	主要起草人	范　围
NY/T 3127—2017		农作物植保员	农业部人力资源开发中心、全国水产技术推广总站	彭青香、陈伟、张曦	
NY/T 3128—2017		农村土地承包仲裁员	农业部农村合作经济经营管理总站、农业部人力资源开发中心	戴军、金文成、陈学琪、王钢、吴瑞龙、孙军、窦洪波	

10 农产品加工

11 综合类

标准号	替代标准	标准名称	起草单位	主要起草人	范围
NY/T 3153—2017		农药施用人员健康风险评估指南	农业部农药检定所	张丽英、陶传江、孟宇晰、陶岭梅、刘然、周普国、闫艺舟、于雪骊、李重九、折冬梅、马晓东、高贝贝	本标准规定了农药施用人员健康风险评估的程序和方法。 本标准适用于农药施用过程中相关操作人员的健康风险评估。
NY/T 3154.1—2017		卫生杀虫剂健康风险评估指南 第1部分：蚊香类产品	农业部农药检定所	孟宇晰、陶传江、张丽英、陶岭梅、周普国、闫艺舟、李敏、刘然、马晓东、李重九、于雪骊、于洋	本部分规定了蚊香类产品居民健康风险评估程序和方法。 本部分适用于室内使用蚊香类产品（包括蚊香、电热蚊香片、电热蚊香液等）对居民的健康风险评估。

（续）

标准号	替代标准	标准名称	起草单位	主要起草人	范　围
NY/T 3154.2—2017		卫生杀虫剂健康风险评估指南 第 2 部分：气雾剂	农业部农药检定所	闫艺舟、陶传江、陶岭梅、张丽英、刘然、周普国、于雪骊、李敏、李重九、马晓东、林燕	本部分规定了气雾剂健康风险评估程序、方法和评价标准。 本部分适用于室内使用气雾剂对居民的健康风险评估。
NY/T 3154.3—2017		卫生杀虫剂健康风险评估指南 第 3 部分：驱避剂	农业部农药检定所	刘然、陶岭梅、陶传江、张丽英、周普国、孟宇晰、闫艺舟、李重九、马晓东、林燕、于雪骊、蔡芸	本部分规定了驱避剂健康风险评估程序和方法。 本部分适用于驱避剂（包括驱蚊液、驱蚊花露水、驱蚊霜、驱蚊露、驱蚊乳等）对居民的健康风险评估。
NY/T 5341—2017		无公害农产品认定认证现场检查规范	农业部农产品质量安全中心、农业部优质农产品开发服务中心、中国水产科学研究院	刘建华、万靓军、朱彧、龚娅萍、白玲、张锋、郝文革、刘巧荣	本标准规定了无公害农产品产地认定和产品认证现场检查的现场检查内容、现场检查准备、现场检查实施、检查结果报送。 本标准适用于无公害农产品产地认定和产品认证的现场检查。

图书在版编目（CIP）数据

最新农业国家行业标准名录：2016—2017年度 / 农业农村部农产品质量安全中心编 .—北京：中国农业出版社，2019.1

ISBN 978-7-109-25201-1

Ⅰ.①最… Ⅱ.①农… Ⅲ.①农业－国家标准－中国－2016—2017－名录②农业－行业标准－中国－2016—2017—名录 Ⅳ.①S-65

中国版本图书馆 CIP 数据核字（2019）第 018954 号

中国农业出版社出版

（北京市朝阳区麦子店街 18 号楼）

（邮政编码 100125）

责任编辑 冀 刚

中国农业出版社印刷厂印刷 新华书店北京发行所发行

2019 年 1 月第 1 版 2019 年 1 月北京第 1 次印刷

开本：787mm×1092mm 1/16 印张：18.5

字数：480 千字

定价：110.00 元